YES!
做解决问题的员工

PLEASE SOLVE
THE PROBLEM

李春蕾/编著

中华工商联合出版社

图书在版编目（CIP）数据

做解决问题的员工 / 李春蕾编著 . -- 北京：中华工商联合出版社，2020.10
（2024.2重印）
ISBN 978-7-5158-2846-6

Ⅰ . ①做… Ⅱ . ①李… Ⅲ . ①成功心理－通俗读物 Ⅳ . ① B848.4-49

中国版本图书馆 CIP 数据核字（2020）第 163436 号

做解决问题的员工

作　　者 : 李春蕾
出 品 人 : 李　梁
责任编辑 : 于建廷　臧赞杰
装帧设计 : 周　源
责任审读 : 傅德华
责任印制 : 迈致红
出版发行 : 中华工商联合出版社有限责任公司
印　　刷 : 三河市同力彩印有限公司
版　　次 : 2020 年 11 月第 1 版
印　　次 : 2024 年 2 月第 2 次印刷
开　　本 : 710mm × 1000 mm　1/16
字　　数 : 220 千字
印　　张 : 14
书　　号 : ISBN 978-7-5158-2846-6
定　　价 : 69.00 元

服务热线 : 010-58301130-0（前台）
销售热线 : 010-58302977（网店部）
　　　　　010-58302166（门店部）
　　　　　010-58302837（馆配部、新媒体部）
　　　　　010-58302813（团购部）
地址邮编 : 北京市西城区西环广场 A 座
　　　　　19-20 层，100044
http://www.chgslcbs.cn
投稿热线 : 010-58302907（总编室）
投稿邮箱 : 1621239583@qq.com

PLEASE SOLVE THE
PROBLEM

目录

第五章　攻坚克难离不开行动

第六章　高效解决问题有技巧

很多人在工作中遇到问题时，要么找借口推脱，要么缺乏结果意识，要么就是在空想中追问：该去哪儿寻求解决问题的办法？

要知道，问题的答案只能存在于现实的问题中，问题里就包含着答案，只不过这个答案不是直观的，不能信手拈来，而是需要调查、研究、思考以及实践检验。

美国作家理查德·泰勒在《没有借口》中说过一句话："你若不想做，会找到一个借口；你若想做，会找到一个方法。"简单的一句话，道出了优秀者与平庸者之间的差别，也道出了成功和失败的原因。

无论什么样的问题，我们都应当明确一个真理：有 1000 个问题，必然会对应有 1001 种解决问题的方法，关键在于你是否能以问题为导向，坚持不懈地去寻找解决之道。问题和方法几乎是同时出现的，"问题高一尺，方法高一丈"。只要用心去找方法，再难的问题都有解决之道。

通用电气公司前 CEO 杰克·韦尔奇说："在工作中，每个人都应该发挥自己最大的潜能，努力工作，而不是耗费时间去寻找借口。"罗斯福也提醒过世人："克服困难的办法就是找办法，而且，只要去找，就一定有办法。"

仔细观察不难发现，从优秀的个人，到出色的组织，再到繁盛的国家，都有善于围绕问题想办法的思维和毅力，在同样的处境中，他们可以做得比别人更快、更好；在别人避而远之的事情上，他们充满了热情，依靠智慧和执行力扫除棘手难题。

希望阅读此书的每一位读者，都能够坚定思想观念，努力提升自己，使自己既有发现问题的敏锐洞察，又有解决问题的自动自发；既有正视问题的清醒头脑，又有解决问题的责任担当。充分发挥推石上山的勇气，利用科技创新的利器，从我做起，用心做好每一项工作，此即问题解决力。

第一章

问题是最好的老师

天下之事，只会难倒惧怕问题、懒于探究的人，永远难不倒有心的人。每个人都是创造者，生活中处处都有转机，只要肯去寻找方法，就没有解不开的结。

工作的实质就是解决问题

你有没有想过，工作的实质到底是什么？

其实，答案很简单，就是解决问题。

从接受一项既定的任务，到各种突发的状况，我们要做的就是把问题处理掉，得到一个满意的结果。完成了，做好了，那就是成功；没做好，放弃了，那就是失败。两者的分水岭就在于，能否找到有效解决问题的办法。

不少人都觉得，成功者胜在天赋和机遇。不可否认，天赋的确是一个重要的影响因素，机遇也是外界的助力，但是别忘了，内因决定外因。所有的成功者，都有一个共同的特性，那就是遇到麻烦的时候，绝对不会逃避，而是会主动去找方法。他们坚信，只要找对了方法，再大的问题都可以迎刃而解。

飞利浦电器公司是世界知名的电子公司，从 1891 年成立至今，经历了一个多世纪的风雨飘摇，依然在市场中傲然矗立。这一百多年间，发生了两次世界大战，经历了世界经济大萧条，可这些外界的震动并没有将它摧毁，它依然占据着跨国电子巨头的位置。

很多人都在思考：飞利浦是如何做到的？经历了这么多磨难，它怎么就能够屹立不倒呢？要回答这个问题，不是三言两语就能概括的，一个组织的持续发展有多方面原因，但其中有一点毋庸置疑，并且非常重要，那就是飞利浦从管理者到员工，都是善于主动寻找方法解决问题的人。

1891 年，杰拉德·飞利浦在埃因霍恩创建了飞利浦公司，主要制造白炽灯和其他电器。从它诞生的那天起，飞利浦就决心把它发展成为世界上最大的电器公司。最初，公司的业务很繁杂，作为老板的杰拉德·飞利浦，每天都在各个城市之间奔波，洽谈合作业务。不久后，他发现，即便这么努力，公司的业绩还是在下滑，于是他决定和合伙人分工合作：合伙人依旧到其他城市谈业务，杰拉德则在公司寻找业绩下滑的原因。

杰拉德没有单纯地召开全体会议，共同探讨业绩下滑的问题，他只是每天准时出现在公司，下班后再离开办公室回家。就这样持续了一个月后，杰拉德发布了一项人事任命，决定让接待员艾格女士担任人事部的主管。

对于这个决定，杰拉德解释说："我之所以让艾格女士担任人事主管，最主要的原因是，我在整个公司里，只看到她一个人在主动解决问题，而其他人在问题出现后，所做出的举动，都是在回避问题，甚至有很多问题都是艾格女士帮助解决的。所以，我任命她来做人事主管。我相信，这样的决定是对的，即使我不在公司，公司依然能够正常运转，不会出现问题。从现在开始，我要培养那些主动寻找方法解决问题的人。"

一个组织的发展，仅靠管理者的力量是远远不够的，必须凝聚所有人的力量，朝着共同的目标去努力。在遇到问题的时候，就算领导不在，员工依然有主动解决问题的能力，这样的组织才有持久的生命力。

不可否认，工作中会有很多棘手的难题，看起来毫无头绪，着实不知道该从哪儿下手。面对这样的烫手山芋，多数人都会选择回避或推脱，倒也不是不想负责任，只是缺乏信心，不相信自己能够处理好。实际上，越是这样的时刻，越应当保持冷静，去思考和寻找方法，而不是在心里给自己下定义说：我做不到。

当自己无法解决问题的时候，你还有求助的对象，上司、同事都能助你一臂之力。结合众人的想法，很有可能就能找到解决问题的思路。生活中有很多例子提醒我们，没有一个问题是无法解决的，关键是你有没有去找方法，问题不会自动解决，只有敢于正视问题，有解决问题的责任担当，才可能有解决办法。这就像开锁一样，不是没有钥匙能打开它，只是你没有找对那把能开锁的钥匙。

20 世纪 80 年代，白手起家的翡翠餐饮集团主席叶耀东在香港股市投入了 10 万余元，这些钱是他全部的家当。非常幸运，不足四年的时间，他借助炒股获得了 100 多万元的收益。此后，他开始利用这 100 多万元创业。1995 年，他的公司在香港上市，个人资产高达 2 亿多元，成了名副其实的亿万富翁，被世人誉为成功的典范。

没有任何背景，也没有别人的帮衬，叶耀东完全是靠自己一步步走向辉煌的。早期，他在一家美资企业打工，在外人看来，他就是一个普通的打工仔，这份工作也不起眼。可是，叶耀东却从这份工作里得到了受益一生的财富，他说："我永远都走在老板的要求之前，所有的问题我都能够解决。"就是在这家公司，他积累了工作的经验，培养了处理问题的能力。

有人说过，如果你给别人打工时做得不好，那么你自己当了老板一样也做不好。叶耀东做员工时，从来都不用老板交代什么，他都是自己去思考，然后主动解决问题。

那一年，他被调到公司的电镀部门做高级主管，工作中，他意外地发现，生产二极管的时候，引线的镀锡检验常常因不合格而返工。叶耀东对这个问题很疑惑，他其实并不负责技术，也不懂化学，但他很想解决这个问题。第二天，他穿上了工服和员工一起工作，讨论如何才能把这个问题解决掉。最初的几天，大家一筹莫展，熬到凌晨两三点，还是找不到突破口。

面对这样的情况，有人就泄气了，想要放弃，而叶耀东却坚定地相信，这件事情不是没有解决的办法，只是目前没有找到正确的方法罢了。经过了三个月的努力，叶耀东终于将合格率提升到100%。

凭借着这股精神和干劲儿，叶耀东在各个领域内钻研，遇到问题就努力找方法。他的人生和事业一直在延续着这样的模式：遇到问题—寻找方法—解决问题。没有什么特别的方法，也没有什么轰轰烈烈的大举动，凭借内心的信念和扎实的行动，他成功了。

世间没有无解的问题，遇到麻烦的时候，别总想着没办法了。对待工作，我们都应该在内心树立这样的信念：每个人都是创造者，生活中处处都有转机，只要肯去寻找方法，就没有解不开的结。

卓越的人都擅长解决问题

撒哈拉沙漠里有一个叫比赛尔的小村庄，它靠近一块1.5平方千米的绿洲，从这里走出沙漠大概需要三天的时间，遗憾的是，从来没有人走出去过。英国皇家学院院士肯·莱文听闻这一情况后，很想一探究竟，他用手语向那里的人询问原因，可得到的结果都是一样的：从这里出发，不管往哪个方向走，最终都会回到原来的地方。

这怎么可能呢？肯·莱文当然不会相信。经过调查，他发现了问题所在：沙漠浩瀚，方圆千里没有任何参照物，无法识别方向。村里的人所走的路线是弧线，而不是直线，所以不管怎么走，都会回到原地。

肯·莱文想到了一个办法，既然沙漠里没有参照物，那就在其他领域里找，比如北斗星！经过三天艰苦跋涉，他终于来到了大漠的边缘。

现在，比赛尔已经是撒哈拉沙漠里的一颗明珠了，每年都有数以万计的旅游者来到这儿。曾经陪同肯·莱文一起考察，并成功独自一人走出沙漠的比赛尔人阿古特尔，被誉为比赛尔的开拓者，他的铜像矗立在小城的中央。

细想起来，让人迷惑不解、走不出来的何止是沙漠呢？生活中有很多情形，都与之如出一辙，绕来绕去都解不开，依然僵持在原地。看似是无解的难题，其实呢，不是真的走不出去；也不是真的解决不了，而是没有选对方法，行动偏离了目标，或是南辕北辙了。

生活中不乏勤奋者，做事兢兢业业，不偷奸耍滑，可结果却总是不太令人满意。问题出在哪儿呢？就出在不善于动脑子，总是盲目地行动，而不是从实际出发，切实地解决问题。脑子里还没有一个成形的办法，就鲁莽地冲了上去，浪费了时间和精力，也没什么效果，可谓是事倍功半。真正优秀的人，除了像老黄牛一样兢兢业业低头拉车外，他一定还会时而不时地抬头盯着前进的方向。

任何成功都不是偶然的，也不可能是顺顺利利的，总会有荆棘坎坷、艰难险阻。问题来临时，我们想的不应是工作怎样难以进行，而是要借此机会找寻工作中新的发展空间，挖掘新的机会，把问题转变成前所未有的机遇。

有句话说得好："世上无难事，只要肯攀登。"这不仅仅是一种态度，也从另一个角度提醒我们，这个世界上所有的问题都可以解决，只要不断地去摸索、去寻求解决的办法。组织里不乏努力做事的人，但常常缺乏积极思考、力求改进、提升效率的人才。平庸与优秀的差别就在于，前者只重视行动不重视方法，而后者却善于找到更好的发展方向、正确的工作方法，思考如何让自己的才能得到提高和发挥，个人和组织实现共赢。

组织的中流砥柱，永远是那些能够主动发现问题、找到解决方法、提升工作效率的人，对组织来说，拥有这样的人才是最大的资本。

天下事难不倒有心的人

从事任何一项工作，都不可避免会遭遇瓶颈。有些问题的确很棘手，甚至成为工作上的拦路虎，在集思广益想了不少办法却依然无法解决时，很多人就会想到放弃，觉得已经是极限了，再怎么努力也是枉然。

然而，真的是到了山穷水尽必须放弃的境地吗？未必！

古时候，有位年事已高的国王，欲在两个儿子莫言和喻术之间选择一位机智者做继承人。两个儿子都擅长骑术，国王决定用赛马的方式来进行选择。国王把白马交给了莫言，将黑马交给了喻术。

二人接过马后均开始打量马匹，琢磨着自己的骑术。喻术心想，自己长年累月地练习骑术，此战必胜无疑。

国王宣布了比赛的规则：从农场的一边骑到另一边，再回来，谁的马跑得慢，最后到目的地，谁就是赢家。喻术简直不敢相信，骑马比赛向来都是比谁快，哪有比谁慢的道理呢？莫言也以为自己听错了，呆站在原地不知如何是好。

见两个儿子瞠目结舌，国王重复了一遍比赛规则，提醒他们快点准备，比赛即将开始。就在国王宣布开始后，莫言忽地跳上了喻术的黑马，快马加鞭地向前疾驰而去，他自己的白马却留在了原地。喻术愣了半天，才想通到底是怎么一回事，但为时已晚。他的黑马已经遥遥领先，无论怎样也追不上了。

国王很满意，对莫言说："你能想出有效的办法，出奇制胜，证明你有足够的才智接替我的位置。我宣布，你就是继我之后的新国王。"

尽管这只是一则寓言，但蕴含的智慧和道理，却让人受用无穷。现实中也有很多不符合常理、无法按照既定套路解决的问题，看似是没办法突破的，但其实并非一个死胡同，只是我们的心先被它桎梏了，不肯跳出来，才受到了限制。

成功大师拿破仑·希尔曾经说过："你随机找十个人，问他们为什么不能在各自行业中获得成就，相信会有九个人说，因为他们没有获得好的机会。那么你注意观察他们的工作和行为，我敢保证，你会发现在一天里，他们把每个自动送到面前的好机会都推掉了。"

很多人会抱怨生不逢时，缺乏机会，却不肯静下心来反思自己的工作态度和用心程度。事实上，个人的成长通常都与付出的心智密切相关，用什么心就成什么事，用多大的心就成多大的事。坐享其成的事，现实中几乎是不存在的，机会不可能主动贴上标签跑到谁的面前，都要靠用心工作并积极去寻找方法，才能打破枷锁，冲开桎梏。

　　稻盛和夫被誉为日本经济界的"经营之神"，他创办的京都陶瓷公司是日本最知名的高科技公司之一。该公司创立后不久，就收到了松下电子抛出的橄榄枝，要求他们制作显像管零件 U 型绝缘体。对于京都陶瓷公司来说，这笔订单意义重大。

　　不过，跟松下电子做生意不是一件简单的事，商界对松下电子的评价是——它会把你尾巴上的毛拔光。对于新成立的京都陶瓷公司，松下电子认可他们的产品质量，给予了供货的机会，但价格却压得很低，且连年往下降。

　　对这样的状况，京都陶瓷有些人很灰心，觉得自己已经尽力了，没什么潜力可挖了，再这样做下去的话，根本不可能有利润，不如放弃合作。然而，稻盛和夫却觉得，松下电子出的难题确实不好解决，可如果就这么放弃了，无异于给未曾全力以赴寻求解决办法找借口，只有积极主动地想办法，才能找到最终的解决之道。

　　经过不断地摸索尝试，京都陶瓷公司最终制定出了一个叫作"变形虫经营"的管理方法，就是把公司分成若干个"变形虫"小组，作为最基层的独立核算单位，把降低成本的责任落实到每一位员工身上，哪怕他只是负责打包的流程，也要知道用于打包的绳子原价是多少，浪费一根绳子会造成多大的损失。这样一来，公司的运营成本大幅降低，就算需要满足松下电子的苛刻要求，依然能够获得可观的利润。

现实中，我们也会遇到诸如此类的棘手难题，在面对困难时，多数人也会萌生"太难了，根本没法做"的念头，总认为找不到解决之道。抱着这样的想法，工作自然做不好，但其实很多问题并非解决不了，只是没有尽心尽力去找方法罢了。

想必大家都看过"把梳子卖给和尚"的故事，乍一听根本就是无稽之谈，可却有人做出了很好的业绩。原因就在于，他没有只想着"梳子只能梳头"，而是从纪念品的角度深挖了梳子在寺院里的可用价值。若是在梳子上刻上"积善梳"三个字，意义就更不一样了，可以根据不同的香客身份来赠送不同的梳子，思路一下就打开了。

所有难以解决的问题，遇见了有心去深挖方法的人，都会迎刃而解，看似不可能的任务，也就变得可能了。所以说，天下之事，只会难倒惧怕问题、懒于探究的人，永远难不倒有心的人。

畏惧问题比问题本身更可怕

工作能力的强弱，一方面体现在专业技能上，另一方面则体现在心理素质上。很多人在面对棘手的任务时，还没有与问题接触，内心就已经开始畏惧了；有些问题原本不是什么大事，却被人为地扩大化、严重化，为之感到恐惧和焦虑。背着这样的心理包袱，自然无法释放出潜能，甚至连自己原本具备的能力也无法很好地展现出来。

是真的不具备解决问题的能力吗？显然不是。与其说他们是被问题打败的，倒不如说他们是被对问题的恐惧打败的。如果他们能换一种心态，直面所有的问题，结果往往会比他们预想得要好。

罗斯福曾经说过一句话："唯一值得恐惧的，就是恐惧本身。"因为，莫名其妙的、毫无根据的恐惧，会让人转退为进所需要的种种努力化为泡影。当我们鼓足勇气，去直面那件让自己感到恐惧的事情时，往往会发现，它不过如此。

一位叫麦克的人，在 37 岁那年的一天下午，做出了一个惊人的决定：放弃薪水优厚的工作，把身上仅有的一些钱施舍给街上的流浪汉，匆匆地带了几身换洗的衣物，告别了未婚妻，徒步从阳光明媚的加州出发。他要一个人横越美国，到东海岸北卡罗来纳州的"恐怖角"去。

在做这个决定之前，麦克几乎面临着精神崩溃的局面。那天下午，这个再平凡不过的"白领"突然大哭起来，他问自己：如果死神通知我今天死期到了，会不会留下很多遗憾？答案是肯定的，而且这个答案令他万分恐惧。此时，麦克才意识到，尽管自己有个体面的工作，有个漂亮的未婚妻，有许多关心自己的至亲好友，但他发现自己这辈子从来没有过冒险的经历，一生平淡，从来没有达到过高峰，也没有跌到过低谷。

他扪心自问：这一生有没有经历过苦难？有没有勇敢地挑战过恐惧？接着他又哭了，为自己懦弱的前半生而哭。麦克开始检讨自己，诚实地为自己一生的恐惧开出了一张清单：

小时候他怕保姆、怕邮差、怕鸟、怕猫、怕蛇、怕蝙蝠、怕黑、怕幽灵、怕荒野……而这些小时候令他恐惧的东西现在依然折磨着他。长大后，他恐惧的东西就更多了，他怕孤独、怕失败、怕与陌生人交谈、怕精神崩溃……他无所不怕，于是他小心翼翼地活着，尽量避免接触这些令自己恐惧的东西。

想到这里，麦克忽然意识到，这正是造成他一生平平淡淡的根源。于是，就在他精神即将崩溃之时，他做出了这个仓促而大胆的决定。他决定去挑战恐惧，选择令人闻风丧胆的"恐怖角"作为最终目的地，借以表达征服他生命中所有恐惧的决心。

懦弱了 37 年的男人，终于上路了。在这之前，祖母警告过他："孩子，你一定会在路上被人欺负的。"从小到大，他想不起自己有多少次因为这种警告而退缩，这次他不再退缩了。

在几千次迷路，几十顿野餐，以及一百多个陌生人的帮助下，他最后抵达了目的地。这期间，他没有接受过任何金钱的馈赠，他曾与黑夜和空旷为伍，在雷雨交加的夜晚睡在超市提供的简易睡袋里；曾有几个像公路分尸杀手或抢匪的家伙让他心惊胆战；在最艰难的时候，他还在陌生的游民之家打工以换取住宿；在民宅投宿时，他还碰到过几个患有精神病的好心人。就在他思考下次会不会碰到孤魂野鬼的时候，他抵达了"恐怖角"。

与此同时，他接到了未婚妻寄给他的提款卡，当他看到这个对他的旅途毫无用处的包裹时，激动地紧紧拥抱了邮递员。他不是为了证明金钱无用，而是用这种常人难以忍受的艰辛旅程使自己一次性地直面了所有的恐惧。

比起抵达目的地，更让麦克兴奋的是，"恐怖角"这个名称是16 世纪一位探险家命名的，本来叫"cape faire（自由角）"，只是在漫长的岁月中被讹传为"cape fear（恐怖角）"。一切，都只是个误会！他说："'恐怖角'这个名字的误会，就像我自己的恐惧一样。我恐惧的不是死亡，而是生命，这是我最大的耻辱！"

从心理学上讲，当人们对一件事情充满期待，却又觉得自己没有能力解决它的时候，就会不由自主地从心里产生一种厌倦的情绪。但其实，从人本身的角度来说，厌倦只是一种逃避，或者说是因为恐惧失败而自己找的借口。

日本知名的雪印公司，曾经出现过高层管理人员因畏惧承担问题而不断推卸责任，最终造成严重后果的情况。雪印公司的信誉度一直都很好，消费者也非常信赖它们的产品，可在 2000 年的时候，雪印公司出现了消费者食用牛奶产品后食物中毒的严重问题。

事件发生后，雪印公司的高层管理者很害怕，怕公开承认错误会给组织带来巨大的打击和损失。为此，他们在这件事上一直采取回避的态度，直到事发几天后，才草草回应此事，随后沉默不语。一个月以后，雪印公司在报纸上以公告的名义向广大消费者致歉，但依旧没有说明为什么牛奶产品会导致消费者食物中毒。

俨然，雪印公司是因为惧怕而隐瞒了事实。在处理问题的时候，他们不断拖延推诿，没有在出现问题的第一时间立刻回收那些不合格产品，结果导致公司的信誉和形象遭受了巨大的损失，最终还遭到了停产的处罚。

鲁迅先生有句名言："前途很远，也很暗。然而不要怕，不怕的人的面前才有路。"生活也好，工作也罢，唯一需要害怕的就是害怕本身，畏惧会让你把原本可以解决的问题变得难如登天。一旦你克服了畏惧的心理，所有的问题都不再是难题。

遇到了山一样的阻碍时，先别急着找理由强化问题的难度，催眠自己说无法解决。这样的催眠只会让你觉得，恐惧是合情合理的。你越是心存畏惧，畏惧越会肆无忌惮地吞噬你，最后把你打败。最好的办法是不要多想，不去逃避，直接面对问题，只有靠近了问题，置身于问题中，才能专注地去思考解决之道。

恰如一位跳伞教练给学生的忠告:"在跳伞台上各就各位的时候,我会让大家尽快度过这段等待时间……等待跳伞的时间拖得越久,跳伞的人就会越恐惧,越没有信心。"

处理其他的工作问题也是一样,优秀的员工把恐惧转化为行动,在行动中战胜恐惧,不敢动手去做的人,只会平添恐惧,停在原地。真的去面对了,你就会发现,问题根本没有想象中那么严重和糟糕。

懒惰的人不可能找到方法

不管愿意与否,有一个事实我们必须承认:工作中的某些艰难困境,其实是人为造成的,它并非真的难以解决,而是担负任务的人不想思考、不够努力,偷懒了。不信可以看看,你的身边肯定会有这样的人——不求上进、安于现状,在组织工作了多年,却依然停留在初进组织时的职位上,浑浑噩噩地过着日子。

陆某是一名老职工,他一直觉得工作只要安分守己不出格就行了,按时上下班,按月领工资,不愿意去争抢什么,也不乐意出风头。遇到问题的时候,他都是能躲就躲,懒得给自己找麻烦,也觉得自己头脑不够聪明,那些问题不是他能解决的。进单位5年多了,他依然是一个普通职员。

单位每年都会有一次内部升迁考核,该考核由各个部门自主报名,只要工龄满一年都可以参加。考核的内容除了平时的工作表现,还有单位的笔试、面试，通过考核的员工可以得到加薪，还能成为重点培养的储备干部。

当陆某在单位工作刚满一年时，他安慰自己说："算了，才干了一年，什么都不懂，那些参加考核的都比自己资历老，还是踏实地干好自己的事吧！"他放弃了那次考核，总觉得自己平日里表现平平，没有什么出彩的地方，能够保住这个饭碗就不错了，不能有太多的要求，况且自己也实在没时间去准备考试。

可是，看着一些同事通过了考核，他也忍不住羡慕。有时，他也会想，可能自己并不比别人差，如果当初参加了考核，没准现在兴高采烈的就是自己了。但也只是想想，当接下来那几年一有内部升迁机会的时候，他脑子里的懒惰思想就又会跳出来，找各种借口麻痹自己："那么累干什么？就算是通过了又怎么样？没能力管理别人，可能比现在更累。再说，现在这样也挺好的啊！"就这样，一晃荡就过了5年。

成功的人之所以成功，是因为他们勤奋，不给自己找借口去偷懒；平庸的人之所以平庸，得不到重视，不是没有表现的机会和方法，是他们懒得去付出。制约一个人发展的有环境因素，但最主要的因素还是自己。在问题面前，必须要把惰性化为主动，才可能找到解决问题、打破僵局的办法。

古罗马帝国一位皇帝临终时留下这样一句遗言："懒惰是一种借口，勤奋工作吧！"当时，他的周围聚满了士兵。这是一句警醒之言，更是罗马人征服世界的秘诀。

彼时，任何一个从战场上凯旋的将军，都要走向田间，农业生产是当时罗马最受人尊重的工作，也正是勤奋地农耕劳作，让这个国家变得富强。可是，当财富和奴隶慢慢增多后，罗马人开始觉得劳动变得不那么重要了。懒散的风气导致犯罪增加、腐败滋生，一个强大的民族就这样消失了，这个曾经不可一世的国家开始走向衰败。

渴望抵达辉煌的顶峰，就得跨过艰难的山路；想要享受胜利的喜悦，就得忍住逆风的阻力，没有坐享其成的好事，得到之前都必须付出。每天用借口麻痹自己，想着如何欺瞒他人，把时间和精力浪费在无用的地方，自然不可能有成绩。

很多人会反驳说："我不懒，我付出了比别人更多的努力，为什么还是没有得到回报呢？"这里有一个关键性的问题：你所谓的不懒，究竟是真的自我进步，还是流于形式的勤奋？比如，有些人标榜自己爱阅读，一年读50本书，可当你跟他真正接触时会发现，他虽然读了那么多书，却依然没有洞见。这种勤奋，就是完全把读书当成目的，而忽略了读书的用意，这就是在用"勤奋"的假象掩饰"懒于思考"的事实。

真正的勤奋是必须带着思考的，不然所取得的成绩一定是很有限的。组织评价员工的标准不是勤奋与否，而是你的勤奋能否使你更高效地完成工作，你的勤奋是否能在关键的时刻令你学以致用。就算是发宣传品这样一件小事，依然能够根据不同地段的人流量，接受宣传品的人群的性别和年龄比例，做一个系统分析，从而提高工作效率和质量。

无论是思想上的懒惰，还是行为上的懒惰，都是成功的绊脚石。因为懒惰，就会在本该早起的时候继续赖在床上；因为懒惰，就会把本该今天完成的工作拖到明天；因为懒惰，就会在工作出现问题的时候，不去想办法解决，指望着别人来接烫手的山芋……当懒惰成了一种习惯，整个人生也变成了得过且过，甚至是一塌糊涂。

比尔·盖茨曾写信给一位年轻人说："你这懒惰行为，所谓没有时间等，只是一种借口，你总是用种种漂亮的借口来为自己辩解，我看你最根本的一条就是不肯努力，不肯下功夫，你的理论就是每一个人都会把他能干的事情干好的。如果有哪个人没有干好自己的事情，这表明他不胜任这件事情。你没有写文章表明你不会写，而不是你不愿意写。你没有这方面的爱好证明你没有这方面的才干。这就是你的理论体系，一个多么完整的理论体系啊！如果你这个理论体系能为大众普遍接受的话，它将会产生多大的负面作用啊。"

是的，想成功的人永远都可以找到实现目标的方法，想偷懒沉浸在安逸中的人永远也能给自己找到无数个开脱的理由。我们暂且不去谈什么远大的理想，如果一辈子都能坚持勤奋努力，这本身就已经是一种了不起的成功了，它能让一个人从内至外散发出力量，而这种力量的存在，纵然无法让你成为站在金字塔塔尖上的人，也绝不会给你一个平庸无奇的人生。

要有直面问题的勇气

生活就是一个问题叠着另一个问题，日子就是不断地解决层出不穷的问题。没有谁的人生可以避开难题，更多的时候，我们都是身处各种问题的交织中，找不出头绪，不知道该怎么解决。在这样的百感交集中，很多人就开始觉得，困境是难以突破的，自己没有能力解决。

有句话讲得好："狭路相逢勇者胜。"在同样的问题面前，谁的勇气多一些，谁的胜算就多一些。所谓勇气，不是内心没有迟疑和恐惧，而是明知道有这些情绪在作祟，却依然可以咬着牙前行，去寻找处理问题的办法。

谈到这一点，还得说说松下幸之助。松下幸之助年轻的时候，家境很贫穷，不仅要担负养家糊口的重任，还得供弟弟妹妹上学。有一回，他到一家电器工厂谋职，当他走进人事部跟其中的一位负责人说明自己的来意后，对方直接回绝了他，说暂时没有招人的计划，让他过一个月再来。其实，对方是看他瘦小枯干，穿着肮脏，实在不适合在电器工厂上班，哪怕只是一个最基本的工作，也不愿意提供给他，就找了一个冠冕堂皇的理由。

这本是拒绝松下幸之助的一个托词，可那位负责人没想到，过了一个月后，松下幸之助真的来了。那个人又推脱说："再过几天吧！"就这样，他反反复复地说了好几次。当松下幸之助再次来到这家电器工厂后，那位负责人终于压抑不住内心的真实想法，直言相告："像你这样穿得脏兮兮的人，是没有办法在我们工厂里上班的。"

听到这番解释，松下幸之助很快就向周围的邻居借钱，买了一套像样的衣服穿上，再次进入那家工厂。负责人一看，这个年轻人如此执着，就对他说："你对电器的知识了解得太少了，我们不可能浪费时间去培养一个新人。"说这番话时，负责人心想：已经给他出了这么大的难题，他应该不会再来了吧？！

没想到，时隔两个月，松下幸之助再次出现在那位负责人面前，他自信地说："我已经掌握了不少电器知识，您看我还有哪儿需要学习和改进的，我都会补上。"负责人看着松下幸之助，感慨地说："小伙子，我真的很佩服你的毅力和勇气。面对这么多次的拒绝和刁难，你都没有生出恐惧和退缩，如果你一直这样不畏困难，我相信你会有不菲的成就。"

事情的结果可想而知，松下幸之助打动了那位负责人，得到了一份工作。在后来的事业中，这种不惧困难的精神一直支撑着他，并由此打造出一个庞大的松下电器王国。

百度总裁张亚勤说过："不要害怕问题，工作就是解决问题；也不要害怕自己解决问题遭遇失败，我们之所以有价值，就在于我们能够想到不同的方法解决问题。"

人永远都比想象中能干，且有能力突破障碍，做得更好。即便遭遇失败，也不必恐慌和沮丧。在不惧困难的人眼里，所有的问题都是纸老虎，没有什么是不可克服的。只有平庸者，才会在没有思考和尝试前，就丧失了勇气，缴械投降。

一个年轻人曾经问过一位长者，如何才能取得成功？长者掏出了一颗花生，问他："它有什么特点？"年轻人愣住了，不知如何作答。长者提醒他："你用力捏捏它。"年轻人用力一捏，捏碎了花生壳，留下了花生仁。

长者笑了，对年轻说："再搓搓它。"年轻人照着他的话做，结果，花生的红色种皮也被搓掉了，只留下白白的果实。"再用手捏它。"长者说。年轻人用力地捏，可费了半天劲也没能把它捏坏。"用手搓搓它。"结果还是一样，什么也搓不下来。"屡遭挫折，却依然有一颗坚强的、百折不挠的心，这就是成功的秘密。"长者说。

丘吉尔是一位伟大的首相，他一生做过无数的演讲。在很多人的印象里，丘吉尔最精彩的一场演讲，莫过于他生平的最后一次演讲。当时，是在剑桥大学的毕业典礼上，会场上有上万名学生，大家都在等待丘吉尔登场。

在众人的陪同下，丘吉尔走进了会场。他慢慢地走向讲台，脱下大衣交给随从，又摘下了帽子，默默地注视着所有的听众。过了一分钟，丘吉尔说了一句话："Never give up！（永不放弃）"说完后，他就穿上大衣，戴上帽子，离开了会场。当时，整个会场鸦雀无声。几十秒钟后，会场内掌声如雷。

演讲的内容很短，只有一句话，可它所蕴藏的含义却是深刻的，震撼人心的。工作中会有大大小小的门槛和困难，除了鼓起勇气去面对，没有其他的解决途径。抵达成功巅峰的人很少，往往是因为大多数人在挫折和压力面前放弃了。对于敢想、敢做、善于思考的卓越者来说，世界上没有不能解决的问题。在他们看来，解决问题的关键在于自己的态度，凭借过人的毅力和坚持，运用智慧找到正确的方法，就可以将最困难的问题顺利解决。

你可能也听过约翰·库缇斯的名字，他是国际超级励志大师，但他也是一个天生残疾、身患癌症、受尽歧视与折磨的人。这样的身体条件，在常人看来是很难有发展前途的，甚至连能否生存都是未知数。可库缇斯用现实告诉我们，他取得了板球、橄榄球教练证书，他可以开车、游泳、潜水、溜滑板、打乒乓球、打网球……多少常人都不会的事情，他却一一做到了。

所以说，那些看似无解的难题，无法超越的困境，真的是束手无策么？当然不是。库缇斯告诉我们："100 次摔倒，可以 101 次站起来；1000 次摔倒，可以 1001 次站起来。摔倒多少次没有关系，关键是最后你有没有站起来。"

畏惧挫折，选择逃避，永远也找不到解决问题的良方；选择勇敢地面对问题，问题就已经解决了一半。就像托尔斯泰说得那样：当有困难来访的时候，有些人跟着一飞冲天，也有些人因之倒地不起。坚韧是生命的脊梁，支撑着不惧艰难困苦的人超越万难。

第一时间想办法解决问题

当工作中出现了问题，最直接、最有效的办法是什么？

确定相关责任人，明确到底是谁的责任？还是期待着事情有转机，柳暗花明？这些都不实际，最可靠的做法是：第一时间就去面对，想办法解决麻烦。

索尼公司的创始人盛田昭夫，在对员工进行培训时，经常说一句话："不许粉饰太平。"他的意思是，不能马马虎虎，只看到事情"好"的一面，逃避问题，找借口去美化问题。即便暂时掩盖了真相，问题迟早会浮出水面，所以还是直接面对为好。

每当索尼公司的经营出现问题时，盛田昭夫都会直接和问题交锋。他知道，商场如战场，逃避问题就等于不战而逃，未战先败。他从来不找借口去搪塞，甚至会在问题出现的第一时间把责任归咎到自己身上，向员工道歉说："这是我的责任，我必须立即修正。"

索尼公司曾经独创了卡带式收录机、随身听、特丽珑彩电等，在全球范围内遥遥领先。然而在 2000 年以后，它却给人一种英雄迟暮的感觉，从生产中高端产品慢慢降低为生产中低端产品。索尼高层分析，索尼的辉煌是强权的盛田昭夫和出井伸之等人创造的，他们秉承的是"强人文化"，但这种方式已经与时代脱节，不能顺应发展的需要了。

弄清楚原因后，出井伸之当即决定对索尼"换血"，用新人替换一些元老，自己也主动让位，让新 CEO 霍华德·斯金格来掌控全局，帮助他从深层次改变索尼的窘境。这样破釜沉舟的勇气和决定，成功挽救了索尼。

出井伸之的做法，淋漓尽致地诠释了何谓"直面问题"，就是不惜拿自己开刀，勇敢地面对问题，把公司交给更合适的人。在工作的战场上，时间就是效益，效率就是生命，没有谁可以违背这个规则。你迟疑了，犹豫了，问题就可能演变成灾难，最终让你万劫不复。

不只是组织的管理者，作为普通员工，也当有第一时间面对问题、解决问题的素养。只要发现了问题，就不要想着把责任推诿给别人，或是思索是不是自己分内的事，要主动、不计条件地去解决。

2008 年年初，一场几十年不遇的雪灾突袭我国南方，湖南郴州是重灾区，连续断电十几天，大年三十这天，人们才迎来期盼已久的光明。就在大年三十这天中午，长虹售后人员王红军家里的电话铃声突然响起，一位客户家的液晶电视出了故障，打电话报修，但他说可以过完春节再修。

王红军挂断电话后，心里并不踏实："十几天都没有电了，这好不容易来电了，谁不想看看春节联欢晚会呢！碰上电视坏了这样的事，谁都觉得遗憾。"他不顾妻子的抱怨，匆忙地往用户家里赶去。

经过一番检测后，他发现客户家的液晶电视是由于使用不当、多次突然断电导致了电源板被烧坏，当时维修部里已经没有这种型号的电源板存货了。这时，王红军突然想起，自己前段时间买了一台液晶电视，型号和客户的匹配，能不能先把电源板拆下来给客户用，等过完春节后再申请新的配件，给客户换上呢？

想到这儿，他立刻往家里赶。由于连续十几天断电，电动车没有电，他只能骑自行车。多日的积雪慢慢融化，泥泞沾满了他的裤脚，天还下着淅淅沥沥的雨。他进家门的时候，身上还打着哆嗦，顾不得喝口热水，就赶紧拆下自己电视上的电源板，然后匆匆返回。他把用户的电视机修好后，还道歉说："真不好意思，只能先给您换上我们家的电源板，等节后新配件到了，我再来给您换。"

客户非常感动，握着王红军的手说："谢谢你，真的把长虹的客户当成了上帝。以后，我一定让自己的亲戚朋友都买你们长虹品牌的电器。"从用户家里出来时，已经是下午五点了，外面响起了爆竹声，年味儿十足。

后来，有人采访王红军，他提起这件事时很淡然，说："真没什么好讲的，既然我干了长虹售后服务的工作，就应该这么做……"他的一句"应该"，看似轻描淡写，其实是把一个员工的责任心和素养展现到了极致。

扪心自问一下：倘若你是王红军，遇到了同样的境况，你会这样做吗？还是在发现没有合适的配件后，直接告诉客户春节后才能换？一念之间的抉择，决定的就是一个组织的成败。所有成功的、优秀的组织，有的不只是高质量的硬件设备，更重要的是，有一群能在第一时间直面问题、解决问题的人。

遗憾的是，我们在现实中总会看到相反的情形：明明今天可以解决的事，非要拖到明天；明明一个星期能处理的问题，非要拖上半个月，由此导致了效率低下，机会错失，或是小问题酿成大祸。

及时的机会才叫机会。因为，时间就是生命，错过了可能就没有机会了，要成为一流的解决问题的人才，先得养成第一时间解决问题的习惯。

处理问题要有一份责任心

生活中不少人都看过或经历过这样的事情：

同样是买一件东西，如果是给自己买，自掏腰包，多数人都会精打细算，不辞辛苦地货比三家，选择性价比最高的产品；如果是给单位买东西，首先想到的是方便和省事，至于性价比是不是最高的，往往都抱着"差不多就行了"的态度，反正东西不是自己用，钱也不是自己出，何苦让自己那么累呢？

把这种行为延续到了日常工作上，就会形成一种强烈的观念：单位的事和自己的事，不是一回事。在遇到问题的时候，很难设身处地为单位考虑，总会把个人的利益得失放在前面，而不会主动去思考：我怎样做才能做到最好？什么地方还需要改进？如何才能达到最好的效果？怎样用最小的投入换取最大的回报？若是烫手的山芋，更恨不得早点儿扔给别人，免得给自己找麻烦。

可想而知，这样的人在组织里是不可能做出成绩的，因为没有担当和责任心，也不可能绞尽脑汁去琢磨该如何解决问题，时刻抱着等、靠、拖的心理。领导给他安排工作，他不会先思考怎样完成，而是考虑领导会给自己提供什么条件；若是条件得不到满足，自然就不愿意去干，即便接手了，在执行上也会大打折扣。

正因为此，很多人都对本该解决的问题视而不见，甩手不管自然也就不可能想出什么办法。久而久之，就成了单位里的"边缘人"，也丧失了积极主动做事的热情，发展的空间和机会必然也会变得狭小而渺茫。

一个真正优秀的、聪明的员工，从来都是把组织的事当成自己的事，遇到问题的时候，心里想的就是尽快去解决，哪怕真的是本职工作以外的"分外事"，也会当成"分内事"来做，不会推诿和逃避。

李开复刚进职场时，曾在苹果公司做技术工程师。有一段时间，公司的经营状况不太好，员工的士气也很低，如果不尽快找到突破口，这种低迷的状况肯定会加剧。按理说，这是市场部要处理的问题，并不在李开复的工作范围内，可李开复没有计较太多，他觉得既然是苹果公司的一分子，就该主动帮公司解决问题。

那段日子，他时刻想着这件事，积极地为公司出谋划策。有一天，他无意间发现：苹果公司有不少的多媒体技术，但因为缺乏用户界面设计领域的专家参与，导致这些技术无法形成简便、易用的软件产品。

灵光一闪的李开复突然意识到，这不就是一个很好的突破口吗？找到了这个关键因素，他立刻写了一份详细的报告：《如何通过互动式多媒体再现苹果昔日辉煌》。果然，所有看过报告的副总裁都认为，李开复的意见非常好，且赞同他的做法。就这样，李开复被提升为媒体部门的总监，顺利地帮苹果公司度过了那次危机。

多年后，李开复遇见了当年在苹果公司的上司，对方感慨地说："若不是那份报告，公司可能会错过在多媒体方面的发展机会。今天，苹果公司的数字音乐可以实现领先，也有你那份报告的功劳啊！"

那些能帮组织渡过难关，想出绝妙方法的人，不一定都是高智商的天才，但他一定具备主动解决问题的意识，以及强烈的团队精神。在遇到问题的时候，他想到的是如何让问题在自己的手里彻底解决掉，决不允许把责任推诿给别人。

钟女士受领导委派，与外商洽谈合作。春节期间，她与外商共同到海南度假，商议合作事宜。当时正值旅游高峰期，海南的酒店房源十分紧张，而他们一行十几个人，为了办公方便必须住在同一家宾馆。结果问题来了：当时的五星级宾馆已经没有房间了，只剩下四星级的，钟女士只好退而求其次，选择了一家四星级的宾馆。

外商中有一对夫妇，向来都只住五星级宾馆，得知要住四星级宾馆后很生气，表示坚决不住。钟女士跟自己的同事轮番做这对夫妇的工作，晓之以理，动之以情，但都没什么用。原本，钟女士想把事情上报给领导，可一看天色已晚，考虑到单位那边已经下班了，没必要去惊扰领导，就打消了这个念头。她决定，自己解决问题。

钟女士一方面安排这对夫妇在咖啡厅坐下，让服务员给他们送上两杯热咖啡，另一方面她开始想办法，甚至打电话到北京，找自己的老同学帮忙。终于，通过多方联系，在一家五星级的酒店找到了一个房间，但酒店有要求：由于是临时调配房间，要加一定的费用。

原本春节期间房源紧张，价格就不便宜，如今还要在这个基础上加价，实在让人难以接受。可钟女士没有犹豫，直接把房间订了下来，让这对夫妇入住。至于多出来的那部分钱，她自己掏腰包解决。

这对夫妇很满意，洽谈也进展得很顺利，项目最终达成了合作。回去之后，领导听说了此事，对钟女士的做法很满意，且非常感动。之后，再有一些重要的项目，领导都放心地交给钟女士去做。

没有谁的成功和辉煌是一蹴而就的，成功是一个长期努力积累的过程。唯有把组织的事当成自己的事，以积极主动的姿态去面对工作，它才不会成为负担。面对繁杂琐碎的问题时，自动自发地去做那些需要做的事，无所谓分内分外，也就预示着你正在拥抱超越别人的机会。要知道，人的智力及能力的提升是一个逐步的过程，只要你肯努力地想办法，方法总会有，且远比问题要多。唯有懂得承担的人，才能够找到成功的突破口。

第二章

透过现象看本质

> 不管从事什么工作，都不能变成一台麻木的机器，只知道流程，不讲求技巧。再纷繁的工作，也可以找到切入口，让复杂的问题简单化。做事抓住关键的环节，巧妙地用力；抓住最佳的时机，巧妙地拨动，便能实现"四两拨千斤"的境界。

选对方法比努力更重要

读书时，总会发现身边有些人特别"用功"，每天起得比谁都早，睡得比谁都晚，做题比谁都多，可成绩却总是不理想。工作后，还会看到一些人特别"努力"，从不迟到早退，做事一丝不苟，可几年下来，和他一同进入单位的人都升职了，他却还在原地不动。

这样的结局，的确令人遗憾。为此，也有当事人会发出怨叹："看来，这辈子就不是读书的材料！""看来，我只是一辈子劳碌的命！"抱怨的时候，不知道他们有没有想过：为什么自己会这样？为什么自己明明付出了，却没能得到相应的回报？

有句话说得好："努力，不是机械地重复与蛮干。"想想看，学习和工作一样，都讲求方法。看书时间再长，若知识没有真正进入脑子，那无疑是在做无用功；做的题再多，若没有突破自己的弱项，攻克没有掌控的知识，那也是徒劳。工作何尝不是如此？每天跟别人一样忙忙碌碌，可始终没能在自己的岗位上、钻研的领域中做出一番成绩，那么再忙再累，又怎么样呢？还不是我们前面说的，只有苦劳，没有功劳。

曾在一次座谈会上，听到某位年轻人倾诉自己在工作上的烦恼。他毕业后就进入一家杂志社做编辑，虽然自身文笔不错，但经验上有所欠缺，最初的半年里，他只是跟着老编辑学习，职位是编辑，可做的工作相当于助理。等到熟悉了流程，领导才让他独自负责一个版块。

按理说，他跟随老编辑的半年里，看到的、学到的已经不少，应当知道哪些地方需要特别注意，更应该知道做栏目要讲求新意。可到了实践上，他却显得很被动，总是照搬老编辑的思路，交上去的任务乍一看是挺"符合要求"的，可细细品读，却发现是"换汤不换药"，选取的内容平淡无奇，角度不新颖，读者的反映都很一般。

周围人看得出来，他的确很努力地在做事，每天加班加点地忙活，就连周末休息娱乐的时间都搭上了。然而，很多事情，并非努力就能代表一切，就能让人忽略一切。领导对他的工作态度很满意，可对他的业绩却不敢恭维。一年下来，他因为自己的业绩不佳，主动提出了辞职。

俄罗斯有句谚语："巧干能捕雄狮，蛮干难捉蟋蟀。"

简单而朴实的话，道出了一个真理，做事得讲究方法，不能机械地重复和蛮干。一丝不苟地执行领导交代的事情，本来是无可厚非的，也是值得提倡的，但想要攀到事业的高峰，只知道麻木地干活还远远不够。效率和业绩，一个也不能少，为了忙而忙，终究不是可行的办法。

用心用脑子去读书，纵然只读一遍，书中所云你也能了然于胸。如果你只是习惯重复，重复已经看过无数次的单词，背过无数次的公式，却丝毫没有学以致用的想法，那么不管背多少次，背得多熟练，也还是不会用，解不开难题。

刘亮毕业于一所普通的高校，刚进入投资公司的时候，他是最不起眼的那一个，才智平平，也没有什么特别之处，很少有人在意他。可熟悉他的人知道，他绝对不是一个"小人物"。刘亮之前换过一次工作，进入新单位时，他的发展都比其他人要顺利。这一次，也不例外。

从参加第一天的员工会议开始，刘亮就勇于发言，给领导留下了初步印象。当其他同事埋头苦干的时候，他也没闲着，每天忙忙碌碌，但忙碌之余他还做了许多工作，比如掌握老员工的大致情况，认识单位里各部门的领导。就这样，进入这家投资公司一年半之后，刘亮就顺利地当上了办公室的副主任。

若没有超群的能力，又没有积极的工作态度，每天麻木地上班下班，工作了几个月连上司都记不住你的名字，你也分不清单位里谁是谁，那么你又如何能指望成功？

不管从事什么工作，都不能把自己变成一台麻木的机器，只知道流程，不讲求技巧。再简单的工作，也可以从中发现新意，从中挖掘到更深的东西；再复杂的工作，也不是非要日以继夜、马不停蹄地加班加点熬时间，完全可以通过思考找到最能提升效率的办法，这不是偷懒，而是智慧。

事先思考，磨刀不误砍柴工

一个伐木工在伐木场找到了一份不错的工作，他满怀信心地想做好这份工作。

　　上班第一天，老板给了他一把斧子，让他到人工种植林里去砍树。他卖力气地干了起来，整整一天他都挥舞着斧子，砍倒了 19 棵大树。老板很满意，夸他做得不错。伐木工很受鼓舞，决定今后要更加卖力地做事，以感激老板的赏识。

　　第二天，他依旧很拼命地做事，但身体却出现了不适，先是腿又酸又疼，而后胳膊也累得抬不起来。尽管已经很努力了，但工作成绩并不理想，只砍了 16 棵树。他心里很失落，自己明明比前一天更认真、更卖力，得到的却是这样的结果。伐木工心想，肯定是自己还不够努力，如果一直这么下去，老板肯定会认为自己在偷懒。

　　到了第三天，他投入了双倍的热情去砍树，直到把自己累得瘫倒在地。可让他失望的是，他只砍倒了 12 棵树。他是一个诚实的人，内心觉得愧对老板开给自己的高薪，就主动跟老板说明了情况，还检讨说自己太没用了，越是卖力气越不出成绩。

　　老板听后，只问了他一句话："你多久磨一次斧子？"

　　伐木工一听愣住了，说："我把所有时间都用在砍树上了，哪儿有时间磨斧子啊？"

　　置身事外的时候，很多人也许会觉得伐木工憨厚可爱，就知道卖力气干活，可当类似的情况发生在自己身上时，我们往往也不知道问题出在哪儿。因为真的已经很努力了，却总是得不到想要的结果。

　　踏实肯干是值得肯定的做事态度，可这并不意味只要我们肯花时间、肯下功夫，事情就能顺理成章地解决，有一个满意的结局。实践告诉我们，工作不是只做事就行了，还要讲究做事的方式方法。在砍柴之前，先把要用的刀具磨得锋利，才能轻松砍到更多更好的木柴。

刚到新单位做总账会计的孙某，对工作唯一感受就是"忙"。他每天忙着记账、理账、订账，还要不断地接待访客，和那些有业务关系的单位联络，每天都是早早地来，迟迟地归，就像陀螺一样不停地转，可仍旧觉得时间不够用。

起初，他还自我安慰地说："没事儿，忙一点充实，要是不忙就得失业了。"所以，有那么一段时间，他沉浸在忙碌的喜悦中，觉得挺有成就感，尤其是领导到会计室来的时候，他都在工位上不停地忙着，心想着这样的表现肯定能给自己加分。

一天上午，领导把孙某叫进办公室。落座后，领导很关切地问他近来的工作情况。他毫不谦虚，把进入单位后的忙碌状态以及所做的事务详尽地做了汇报，最后还说了一句"很忙，但很充实，很快乐"。凭自己的感觉，以及领导听汇报时的神情，他想着一定能得到领导的肯定和表扬。

然而，领导听后，沉默了片刻，语重心长地对他说："你这样忙碌，是不是需要休息几天调整一下？"他没听出领导的弦外之音，顺势就说了一句："好啊！"说完，他就后悔了，立刻改口："啊，不用不用，我年轻精力旺，能扛得住，不需要休息。"

"在你之前的王会计，是单位的总账会计，兼管着下面一个小厂的账目，工作不算紧张。你接替了他的工作后，我担心你一时间适应不了，就没有让你兼职。我观察了一段时间，看你每天这么忙，就在考虑是否需要给你一点时间来思考，校正一下方向再继续做？"领导提出了自己的看法和建议。

孙某一时间懵了，领导是什么意思？要给自己一点时间思考，校正一下方向，这是在提醒自己工作能力不强、做事效率不高吗？

听到这里的时候，他刚刚的得意劲儿全没了，后背开始冒冷汗。领导最后决定，给他两天时间休息调整，把手机关了，单位的任何事情都不用管，两天后再来上班。

按照领导所说的，孙某把自己关在家里，断绝了和外界的一切联系，静下来思考如何改进自己的工作。第一天结束后，他就已经想明白了，自己为什么总是被别人支配着跑；第二天，他又悟出来，如何让自己做主宰、支配别人的方案。可到了晚上的时候，他心里还是有些不安，怕有什么疏漏，就特意带上礼物打车到几十里外的王会计家讨教，果然又得到了一些受益匪浅的指点。

恢复工作后，他把近期手头上要做的事情列了一个清单，又排了一个时序，用电话逐一安排下去；对前来报账、结账的人，一边接待一边通知下次来的时间段。经过了两天的调整，他发现办公桌前围的人明显少了很多，电话也不再频繁响起了，而他也终于有时间起身给自己泡杯茶了。半个月后，领导再次找到孙某，把那个小厂的账目也交给了他来负责。

犹太人的生存法则之一是保持勤勉的习惯，但同时他们也牢记着《塔木德》中的教诲："仅仅知道不停地干活显然是不够的。"他们对成功的理解并不寻常；往往都是在我们认为很常见、很普通的行为中，奇迹般地发挥着杠杆效应。

我们周围有很多勤奋苦干的人，但成功者却屈指可数，最主要的原因就是他们只知道盲目做事，不善于思考，工作更多靠手，很少用脑。任劳任怨固然可贵，可现代组织更看重的是工作效率，而不完全是谁流的汗水更多。身在职场，得有苦干实干的精神，但更要懂得思考、练就做事的技巧。

遇事多问几个"为什么"

每个人在工作中都会遇到未知的问题，情况简单一些的，很容易就能解决；若是稍微复杂一些的，想顺利解决就得动动脑筋了。这个时候，很多人就会知难而退，心想已经用了知道的所有办法都无济于事，无能为力了，还是交给有能力的"聪明人"吧！

其实，那些能想出办法的人，未必都有绝顶聪明的头脑，他们最大的优点在于，遇到问题不放弃，抓住已有的线索不断追问"为什么"，经过发问思考和反复琢磨，最终才想出解决之道。他们不是什么天才，只是比其他人多了一点好问的精神。

一次，通用汽车公司下属汽车制造厂的总裁收到客户寄来的一封信，对方在信中抱怨说，他新买的通用的汽车，只要从商店买回香草冰淇淋回家就无法启动，如果买其他种类的冰淇淋就不会出现这样的问题。有人觉得，这问题不在车子本身，可能是香草冰淇淋的问题。

制造厂总裁对这封信也感到费解，想不出什么好的解决策略，就只好派一名工程师前去查看。当晚，工程师就随着这个车主去买香草冰淇淋，果然在返回时车子无法启动了。工程师百思不得其解，回去向总裁汇报说问题确实存在，但一时间还无法确定是什么原因导致的。

在总裁的嘱托下，工程师随着车主一连两个晚上都去买冰淇淋。车主分别买了巧克力和草莓两种口味的冰淇淋，结果车子都可以正常启动。可到了第三个晚上买香草冰淇淋时，车子又跟原来一样，出现了发动机熄火的现象。虽然工程师没有找到真正的原因，但他敢肯定绝对不是香草冰淇淋引发的问题。

这件事情引起了汽车制造厂的关注，总裁要求工程师一定要查明原因。在几次随车主外出的过程中，工程师对日期、汽车往返的时间、汽油类型等因素都做了详细的记录。最后，工程师发现了一些关键的线索：问题可能与买冰淇淋所花费的时间长短有关。香草冰淇淋只是一个偶然的因素，因为它是最欢迎的一种口味，售货员为了方便顾客，直接把它放在货架前，买的人如果需要只用最短的时间就可以买到，而这个时候汽车的引擎还很热，无法使产生的蒸汽完全散失掉。如果买其他冰淇淋的话，时间相对长一些，汽车可以充分冷却以便启动，所以就不会出现发动机熄火的情况。

为什么车子停很短的时间就无法启动呢？经过工程师的进一步调查研究发现，问题出在"蒸汽锁"上。虽然这是一个很小的细节，技术难度也不大，可却严重影响了客户的使用。经过反复思考，工程师终于解决了这个问题。

面对问题的时候，要有一种打破砂锅问到底的精神，多问几个"为什么"，往往就能发现一些蛛丝马迹，循着这个思路走下去，问题的答案就会水落石出。如果遇到难题就退缩，不投入时间、精力去研究，总是浅尝辄止，给出"也许""可能""大概"等模棱两可的回答来对付，那么再小的问题也无法得到彻底的解决。

日本的丰田汽车公司，曾经用"十万个为什么"提问法，来解决机器停机的问题。

当时，有些工厂的机器会突然停止工作，有些是因为机器老化或故障，但更多的还是一些小问题，如电闸的保险丝断了。照理说，保险丝断了不是什么大事，换一根就好了，也花费不了多少钱，可对于大规模流水化作业的工厂来说，造成的损失可不仅仅是一根保险丝的价值，它很可能会导致一天的产量任务无法完成，甚至不得不让一些岗位停下来等待。

有一天，丰田汽车公司的一台生产配件的机器在生产期间突然停了。经过检查发现，问题依然是保险丝断了引起的。正当一名工人拿出一根备用的保险丝准备去换的时候，一位管理者看到了，他决定通过提问来彻底来解决这个问题。

问："机器为什么不运转了？"

答："因为保险丝断了。"

问："保险丝为什么会断？"

答："因为超负荷导致的电流过大。"

问："为什么会超负荷？"

答："因为轴承不够润滑。"

问："为什么轴承不够润滑？"

答："因为油泵吸不上来润滑油。"

问："为什么油泵吸不上来润滑油？"

答："因为油泵产生了严重的磨损。"

问："为什么油泵会产生严重的磨损？"

答："因为油泵没有装过滤装置而使铁屑混入。"

一段简短的问答，就找出了事故的真正原因。接下来，在油泵上装上过滤器，就不会再导致机器超负荷运转，也不会经常地烧断保险丝，继而保证机器正常运转。如果当一个"为什么"解决后，就停止了追问和思考，认为问题已经解决了，那么不久后保险丝依然会断，问题还会反复地出现。

头痛医头脚痛医脚，不是解决问题的良方，透过现象看到本质才是关键。所以，在工作的时候，不能只用手，还得多用心，多思考，多问几个为什么。只有这样，才能想得比别人更周密，做得比别人更出色。细想想：养成了善于提问的习惯，还有什么难题是不能解决的呢？

养成发现问题的习惯

我们都知道，工作的实质就是解决问题，可相比解决问题而言，还有一件事更为重要，那就是发现问题。为什么这样说呢？因为出现问题并不可怕，至少你知道哪里有隐患，哪里需要注意和改进，最怕的是"没有问题"！

这里说的"没有问题"，不是真的没有问题，而是当情况已经出现异常时发现不了问题，直到问题发展得严重了，才想到去控制，此时已经造成了损失，甚至到了无法挽回的地步。这，才是工作中最令人遗憾和惋惜的事。

一位部门负责人就曾抱怨说："我的那些下属工作一点儿都不主动，总是敷衍了事。每次给他们布置完新任务，我总要向他们追问进展的情况，问他们有没有发现什么问题。他们每次都说很顺利，但我心里很担忧。有些问题我能考虑到，但不能事必躬亲，更多的问题还得他们自己去发现。如果出现问题之初，他们不能在第一时间告诉我，等到事态扩大了，小问题演变成大问题时，我也会觉得很棘手。"

联想一下平日的工作状况：你是否也如这位负责人所说，做事不够积极主动，出现问题佯装看不见，或是根本就不去留意有什么问题，等事情发展到无法收拾的地步，才想起向领导汇报？若真如此，那你有必要改变一下工作的方法了。

　　想成为组织不可或缺的人才，只懂得按时完成任务是远远不够的，还要主动为组织着想、为领导分忧。在工作的过程中，我们不可能什么问题都发现不了，只是多数情况下，我们总想着多一事不如少一事，如果这个问题不影响工作进度，大可睁一只眼闭一只眼。可是别忘了，领导迟早会发现问题的，待到他问起时再找借口，是不是有点被动呢？更何况，你没有去管这些问题，不代表其他同事不留意，倘若同事和你做同样的事，他能主动向领导反映问题，而你没有任何反映，领导会如何看待你的工作表现呢？

　　无论从哪方面说，主动发现工作中的问题，并将其反馈给领导，既是员工的职责，也是展示自己的机会。平庸和出色就是这样区分开来的，这也是为什么很多员工在相同的职能部门，前途却大相径庭。领导只会把任务交给自己最放心的人，不要说你缺乏观察力，其实只要足够用心，总会有所发现的。

　　1976 年 12 月的一个冬日清晨，三菱电机公司工程师吉野先生两岁的女儿把报纸上的广告单卷成了一个纸卷，像吹喇叭一样吹起来。她对父亲说："爸爸，我觉得有点暖乎乎的！"女儿产生这样的感觉是因为吹气时热能透过纸而被传导到手上。

　　听到这句话时，吉野先生怔了一下，顿时受到了启发。此前，他已经为如何解决通风电扇节能的问题，苦思冥想好长时间了，现在能不能按照孩子说的那个思路，把纸的两面通入空气，使其达到热交换呢？

　　他以此为原型，用纸制作了模型，用吹风机在一侧吹进冷风，在另一侧吹进暖风，通过一张纸就能使冷风变成热风，而暖风却变成冷风。这个热交换装置仅仅是把糊窗子用的窗户纸折叠成类似折皱保护罩那样的东西，并将其安装在通风电扇上。室内的空气通过折皱保护罩的内部而向外排出，室外的空气则通过折皱保护罩的外侧而进入保护罩内。通过中间夹着的一张纸，使内外两个方向的空气相互接触，产生热传导的作用。

如果室内是被冷气设备冷却了的空气，从室外进来的空气就能够加以冷却，比如室温26℃，室外气温32℃，待室外空气降低到27.5℃之后，再使其进入室内。如果室内是暖气，就将室外空气加热后再进入室内，比如室外0℃，室内20℃，就把室外寒风加热到15℃以后再入室。如此，就能够节约冷、热气设备的能源损耗。

后来，这一装置投入到了实际的应用中，三菱电机公司把这一装置称之为"无损耗"的商品，并在市场上出售。每到换季的时候，使用这个装置，损失的能源可以回收2/3。

古人云："学起于思，思起于疑。"机会和成就永远都是先光顾那些喜欢思考、善于发现问题的人。人的思维通常都是从问题开始的，谁有一双善于发现问题的眼睛，谁就能在竞争中遇见机遇，把握住了这些机会，就能做出有价值的成就。

可以这样说，发现问题是工作的起点，这是员工需要练就的一项重要技能。这些问题可能表现在不同的方面，或是缺点、不足，或是经验教训，或是薄弱环节，只要肯结合工作实际来思考和研究它，往往就能扫除障碍、弥补漏洞、实现创新。

总而言之，工作还需要多观察、多思考、多研究。对工作中的每一个疑点，都要见微知著，常怀着"千里之堤毁于蚁穴"的危机感，不断地清查问题、纠正问题，才能更好地发挥自己的优势，在人才济济的职场中脱颖而出。

开动脑筋找到最佳的办法

爱迪生曾说:"天才等于 1% 的智慧加 99% 的汗水。"

其实,这句话本身是没错的,再聪明的人也需要勤奋地付出,否则终会一事无成,白白浪费天资。遗憾的是,很多人并没有真正地理解它,而只把目光盯在 1% 和 99% 的对比上,过分强调那 99% 的汗水,而忘记了如果盲目地努力,结果可能只是 10%,而那被忽视的 1% 的智慧恰恰是其中的 90%。

什么是智慧? 我们不妨这样理解,它就是解决问题的方法,找到了一个正确的、恰当的、高效的方法,就能实现事半功倍的效果,让自己摆脱蛮干而看不到出路的困境,甚至是创造出巨大的成功和财富。一个人的成功不只取决于他有多么勤奋、多么努力,更多的时候还要看他是否善于运用自己的智慧,找到最佳的解决途径。

一个村庄常年干旱,没有任何的水源,只能坐等下雨。为此,村里的人决定找专人送水,并签订送水合同,保证每天都有人把水送到村子里。最后,艾德和比尔两人表示愿意接受这份工作,于是村庄就与他们分别签订了合同。

艾德签完合同后,立刻就开始行动。他每天奔波于相距 1 千米的湖泊和村庄之间,用两只桶从湖里打水运回村子,把打来的水倒在村民们建造的大蓄水池中。每天早晨,他都比其他村民起得早。由于起早贪黑地工作,艾德很快就开始赚钱,虽然这份差事很辛苦,可看到积攒的钱越来越多,他还是很开心。

比尔看起来似乎有点不靠谱,他在签完合同后就消失了。几个月的时间里,人们一直都没有看到他的身影,大家纷纷猜测他可能是不想做这件事了。唯有艾德比较开心，因为没有人跟他竞争了，他能赚双倍的送水费用。

那么，比尔到底干什么去了？他并不是知难而退了，而是做了一份详细的商业计划书，凭借着这份计划书找到了四位投资者，共同开了一家公司。半年后，比尔带着一个施工队和一笔投资回到了村庄，他们花了整整一年的时间，修建了一条从村庄通往湖泊的大容量的不锈钢管道。

不只这个村庄需要水，还有其他类似环境的村庄也需要水。于是，比尔又开始扩展自己的商业计划，向全国乃至全世界的村庄推销自己的快速、大容量、低成本且卫生的送水系统，每送出一桶水他只赚1毛钱，但每天他可以送几十万桶水。不管他是否工作，几十万的人都要消费者几十万桶的水，所有的钱都流入了比尔的银行账户。

面对同样的一件事，两种不同的处理方式，收获的是两种不一样的人生。在工作的时候，我们是否也需要时刻问问自己：到底是在修管道还是在运水？我是在拼命地工作还是在聪明地工作？想清楚这个问题以后，你就知道自己所做的一切，到底是事倍功半还是事半功倍了。

解决问题需要勤奋和韧性，但除此之外我们更要开动脑筋，在行动之前多思考，在行动的过程中及时调整方法，以便将工作上升到一个更高效的层面，更好地实现目标，甚至超出预期的结果。

1966年，皮特创立了世界上第一家咖啡店，引起众多人跟风效仿，其中就有我们现在熟知的星巴克咖啡屋。皮特咖啡是"精选咖啡"的开创者，且在美国有一定的忠实客户，但它的规模却比星巴克小很多，至今依然是一个中小型组织。

有人会问：皮特明明是"精选咖啡"的创始人，为什么他的公司敌不过后来的效仿者呢？这就又要说到智慧的问题了。因为，星巴克总是能够想出更好的方法实现盈利、扩展，而皮特公司一直守着自己是创始者这一老旧的招牌，而不思考该用什么样的方法把自己做得更大、更强。

对于模仿这件事，星巴克的创始人英语教师鲍德温、历史教师西格尔和作家鲍克都不曾妄自菲薄。他们在自己的学校附近尝试着开了第一家咖啡店，利用自己在学校里的人脉，吸引了大量的师生，他们也非常喜欢这种快捷美味的咖啡。作家鲍克在自己的作品里，总是恰到好处地提到星巴克咖啡，为它做了很好的宣传，让越来越多的人知道星巴克，并慕名而来。渐渐地，星巴克的人气超过了皮特咖啡。

在面对皮特咖啡这个强大的竞争对手时，星巴克没有选择逃避，而是积极地想办法，先打造产品的知名度，吸引顾客来品尝自己的咖啡，再利用口碑进一步打开销路。就是借助这样的方式，星巴克一步步走出美国，走向世界，成了世界上最大的咖啡连锁店。

如果星巴克一味地只把目光放在精选咖啡上，很难说它是否能够超越皮特咖啡，庆幸的是，它一直在找寻更适合自己的营销方法。也许，这就是本杰明·富兰克林说的："好的方法能够帮组织解决困难，将麻烦的任务变得简单，它能够将人们的疑惑扫清，节省出大量的时间。"

由此可见，想做成一件事情，勤勤恳恳、循规蹈矩不是最佳的选择，聪明的人应当努力寻找一种最佳的方法，在有限的条件下发挥智慧的作用，把工作做到最好。在这个以效率为先、靠业绩说话的时代，努力做事固然重要，但更重要的是要用脑子做事。背景、起点和平台都相似的情况下，胜出的一定是善于思考的有心人。

抓住事关全局的重要问题

爱因斯坦有一句名言："将一个问题准确地界定，就等于解决了问题的一半。"

什么是将一个问题准确地界定呢？说白了，就是抓住问题的关键点！

美国华盛顿的杰斐逊纪念堂前，有一堆造型别致的石头。最初，这堆石头被腐蚀得厉害，在很长一段时间里，让纪念堂的清洁维护部门非常头疼。他们想过直接换掉，可这么做要花费大量的物力、财力，更重要的是会大大改变纪念堂的设计原貌。为了解决这个问题，很多专家都伤透了脑筋。

直到有一天，一个年轻的清洁工走进了主管领导的办公室，说他想到了解决的办法。领导有点儿不敢相信，对他投以疑惑的目光。见此情况，他开始平静地跟领导沟通想法。

"石头为什么会腐蚀？"

"当然是频繁清洗导致的。"

"为什么需要频繁地清洗？"

"你没看见那些鸽子留下了很多粪便吗？"

"当然看见了，因为这里有很多蜘蛛可供它们觅食。"

"蜘蛛为什么往这里跑，而不去其他地方呢？"

"大概是因为……傍晚的时候，这里有很多飞蛾吧！"

"很好"，清洁工诡秘一笑，说，"那么，那您有没有想过，为什么这里有很多飞蛾？"

"噢，这个我倒是没有想过，大概是黄昏时纪念堂的灯光招来的吧？"

说到这里的时候，领导豁然开朗，他立刻命令推迟纪念堂开灯的时间。没有了灯光，飞蛾就不会光顾；飞蛾少了，蜘蛛也就少了；蜘蛛少了，鸽子自然也就很少来了……困扰了大家多年的问题，就这样轻而易举地解决了。

论学识和专业能力，专家们肯定更胜一筹，但真正解决问题的人，却是一个年轻的清洁工。这再次印证了一个真理：真的对一件事情上心，就算专业知识不够深，并不代表没有能力解决问题，重要的是能否抓住问题的关键。专家也好，学者也罢，若找不出问题的根源，再多的办法也是隔靴搔痒，无法起到实质的作用。

1793年，守卫土伦城的法国军队叛乱。叛军在英国军队的援助下，把土伦城护卫得严严实实，前来平息这次叛乱的法国军队使尽了浑身解数，也攻不下这座城。土伦城四面环水，且有三面都是深水区，英国军舰一直在水面上巡弋着，只要法国军队一靠近，就立刻猛烈开火。法国的军舰不如英国的军舰精良，根本无计可施，法国指挥官急得像热锅上的蚂蚁。

就在这时，法国军队中有一位24岁的炮兵上尉，突然想到了一个办法，他用鹅毛笔给指挥官写了一个字条："将军阁下，请急调100艘巨型木舰，装上陆战用的火炮代替舰炮，拦腰轰击英国军舰。"指挥官一看，连连称赞，随即就下了命令。

果然，这种"新式武器"一登场，立刻就让英国舰艇败下阵来。仅仅两天时间，原本把土伦城守护得像铜墙铁壁一样的英国军舰，就被打得七零八落，狼狈而逃。叛军见状，也很快缴械投降。

经历了这一场战役后，那位年轻的上尉被提升为炮兵准将。他就是后来成为法国皇帝、威震世界的拿破仑。

拿破仑的成功完全在于他在最为关键的地方动了脑筋，用了心思，为军队找到了突破难关的方法。这也在提醒我们，抓住问题的关键，才能在最短的时间内有效地把握主动，在危机中找到转机，顺利解决问题。

数年前，某酒店碰到了一件麻烦事：一位住在酒店里的外国客人，因为喜欢北京的风土人情，就租了一辆人力三轮车到北京的胡同里游玩。外国客人玩得不亦乐乎，回来结账的时候，却发生了不愉快。人力车夫按照标价收费，每人180元，外国客人觉得至多值100元，两人就开始讨价还价，到最后发生了争执，弄得场面很尴尬。

为了缓解僵局，酒店只好出面调解。酒店的工作人员希望能找到一个中间价，让双方都能接受，商议了半天后，人力车夫最少要收160元，而外国客人最多只愿意出140元，谁都不肯再让步。问题又卡在这里了，不管酒店的工作人员如何调解，两人都不松口。

在双方快要僵持不下去的时候，酒店的工作人员突然意识到：问题的关键不在价钱上，而在面子上。毕竟，双方还不至于为了区区20块钱大动干戈，之所以这样寸土不让，无非是为了赌一口气，保全自己的面子。

要解决这个矛盾，就必须想办法同时保住两人的面子，让双方都有台阶可下，但要怎么做呢？酒店的工作人员开始想办法，最终，见多识广的大堂经理想到了一个妙招：有些外国人有给服务员小费的习惯，那就让外国客人再给人力车夫10块钱的小费，变成150元。如此一来，外国客人觉得车费还是140元，就接受了。人力车夫觉得，有10块钱总比没有强，况且对方已经让步了，总算是挽回了一点面子，也同意了。就这样，问题得到了圆满的解决。

所以说，要想提高解决问题的效率，就必须能够在适当的时候，抓住问题的关键，把工作中的核心问题解决好了，其他的次要问题必然也会不攻自破。

想办法把问题变成机遇

陷入了四面楚歌的境地中，好像怎么走都是死胡同，没有一个条件是对自己有利的。这个时候，你会怎么做？抱怨自己生不逢时，感叹命运不公平，随波逐流、听天由命？还是相信天无绝人之路，积极地想办法，给自己找一个出路？

两种不同的选择，预示着两种不同的结果：抱怨的人依旧困在原地，没有丝毫的改变；积极行动的人往往豁然开朗，因为头脑和行动会给他开辟一片全新的天地，甚至原来那些所谓的不利也在智慧的作用下变成了有利。

英国一家足球生产工厂曾经接到过一份"莫名其妙"的控诉，使得工厂陷入了危机中。

在法庭上，一位中年妇女声泪俱下，严词指责自己的丈夫有了外遇，要求和丈夫离婚。她向法官控诉，自己的丈夫无论白天还是黑夜，都要去运动场与"第三者"会面，给她的精神带来了极大的痛苦。法官问这位中年妇女："你丈夫的'第三者'是谁？"她大声地回答："就是臭名远扬、家喻户晓的足球！"

对这样的说法，法官啼笑皆非，不知如何是好，只好劝慰这位中年妇女说："足球不是人，你要告也只能控告生产足球的厂家。"没想到，这位中年妇女真的向法院控告了一年可生产 20 万只足球的厂商。更让人意外的是，这家遭到控告的足球厂商在接到法院的传票后，非但没有生气，反而很高兴，爽快地答应了出庭，还主动提出愿意出资 10 万英镑给这位中年妇女作为孤独赔偿费。这位太太很开心，破涕为笑。

那么，足球厂商为什么会如此爽快地出庭并予以赔偿呢？这样的控告听起来原本就是无稽之谈啊！事情要一分为二来说。大家都知道，英国人对足球的热爱已经到了疯狂的地步，这场因为足球而引起的官司在英国产生了巨大的轰动效应，多家新闻媒体纷纷出动，对此事进行了大量的报道。

足球厂商的负责人在听说这一事件后，灵机一动，敏锐地把它当成了一次免费宣传的机会。没有掏一分钱的广告费，可他和他的公司却在英国媒体的宣传下名声大震。在接受记者采访时，他说："这位太太和丈夫闹离婚，正说明我们厂生产的足球魅力之大，并且她的控词为我们公司做了一次绝妙的广告。"果然，在这次事件过后，该公司的产品销量直线上升，成了同行中的佼佼者。

任何一个组织都不愿意被告上法庭，跟官司纠缠不清，更不用说是碰到这种"无稽之谈"的事情。然而，处于不利中的足球公司并没有因此据理力争地辩驳，而是积极地顺应了原告的需求，提供了赔偿。这样的做法，无疑加大了人们对这件案子的兴趣，也会对这家足球公司的印象更为深刻。

遇到危机时候，多数人都是习惯只看到"危险"，而看不到"机遇"，盲目地抱怨指责。其实，危机中往往是存在转机的，重要的是想办法去找寻一个突破口，把不利变成有利。

美国阿拉巴马州恩特普莱斯的公共广场上，矗立着一座高大的纪念碑，碑身的正面有一行金色的大字：深深感谢象鼻虫在繁荣经济方面所做的贡献。

纪念碑通常都是为了伟大的人物建造的，这里的碑却是在纪念北美洲地区棉花田里的害虫，听起来有些奇怪，是不是？其实，这还要从一场灾难说起。

1910 年，一场特大的象鼻虫灾难席卷了阿拉巴马州的棉花田，虫子所到之处一片狼藉。那幅惊心动魄的惨相，让棉农们欲哭无泪。灾难过后自然要重建，阿拉巴马州是美国最主要的棉花产地，那里的人们世世代代都种植棉花。可如今，象鼻虫灾害让人们意识到，仅仅种棉花是不行的，万一再有类似的情况发生，一年的收成就全没了。

于是，人们开始在棉花田里套种玉米、大豆、烟叶等其他农作物。虽然棉花田里还有象鼻虫，但根本不足以引起灾难，少量的农药就可以消灭它们了。棉花和其他农作物的长势都很好，从收成上看，种植多种农作物的经济效益比单纯种植棉花要高 4 倍。阿拉巴马州的经济从此走上了繁荣之路，人们的生活也变得越来越好。

阿拉巴马州的人们认为经济的繁荣应该归功于那场象鼻虫灾害，是象鼻虫使他们学会了在棉花田里套种别的农作物。为此，阿拉巴马州政府决定，在当初象鼻虫灾害的始发地建立一座纪念碑，以感谢象鼻虫在繁荣经济方面所做出的贡献。

所谓智慧，就是懂得在困境和危机中找寻方法和对策，把不利的状况变成有利的趋势。这种做法在职场中同样适用，工作中难免会遇到窘境，如果只是坐在那里等待"转机"，只会让事情恶化得更快。想在危机中找到转机，首先不能失去斗志，如果被危机打倒了，自然不可能找寻并掌握新的机会。

人都是有潜能的，这些潜能在安逸的日子里不会迸发，只有受到刺激，才会源源不断地涌出。在危机中保持旺盛的斗志，想办法让自身的优势与环境的大趋势巧妙配合，就有可能转败为胜。谁能掌握化危机为转机的能力和方法，谁的人生就能实现"即使有惊也会无险"。

第三章

解决问题无定式

古人云："政善治，事善能。"发现问题的敏锐、直面问题的担当、解决问题的办法，归根结底取决于我们自身的能力和素养。面对层出不穷的新难题，要有意识地训练自己，提高思维的活跃度，学会多方位、多角度、多方法地处理问题，克服本领恐慌的紧迫感。

打破思维定式的习惯

问过许多职场人：为什么不尝试换一种方式做这件事？为什么不肯接受那些新奇的事物？为什么不去找找另外的出路？得到的答案往往是：我有自己的做事方式；我不喜欢那些东西；我习惯了现在的生活。

事实上，与其说是生活上和工作上的习惯，不如说是思维上的惯性。这种惯性，让很多人一辈子忙碌却平庸，迷失了很多。

曾经见过许多下岗的人抱怨自己无法生活了，破罐子破摔，是不是真的无法生活了？是不是有那么悲惨？实际上，许多人的问题在于，习惯了每天上班"一杯茶、一包烟、一张报纸看半天"的日子，看似每天也在办公室里忙着，可实际上耗去的只有时间，一旦生活有了变动，他们就无力承受，无法适应。这，才是问题的关键。

可以理解，多数人都希望生活稳定一点，工作稳定一点，坚持上班下班，让日子安安稳稳。从一开始，就想着朝九晚五，即便在岗位上也忙碌了几十年，可这样的忙碌从最开始就没有创造力，人生岂能不平庸？这样的忙碌，这样的坚持，究竟算得上是敬业，还是得过且过？

暂且不提人生是否辉煌，单纯从工作发展上说，思维惯性也是一个棘手的问题。在一定的环境里生活或工作久了，很多人不自觉地养成固定的思维模式，这种惯性驱使着人们从固定的角度来思考、观察事物，用固定的方式来接纳事物，逐渐就丧失了创新思维，不管怎么忙碌，怎么折腾，就跳不出那个固定的圈圈。

比如，很多上班的人，每天习惯走一条固定的路线，乘坐固定的某路公交车，在条件允许时候会选择固定的座位；出差的时候习惯找自己熟悉的宾馆；做事时习惯沿用过去的方式。道理很简单，因为经验让人觉得踏实，一旦改变可能给自己带来不必要的麻烦，所以不管它的效率是否真的很高，不管它带来的结果是否真的令人满意，却只认定它。事实上，这未必是最好的选择，惯性可能会在无形中让人给自己设限。

有一位朋友，总喜欢穿同样款式的衣服，别人推荐其他款式，他看都不看，总觉得不适合自己。他在第一家单位工作了近五年，工作态度倒是挺勤恳，兢兢业业的，但待遇变化不大。结婚生子后，迫于生活的压力，他不得不跳槽到另外的单位。只可惜，他对新环境的适应能力并不强，总是套用以前单位的那种文化和处事方式，一次又一次碰壁。

现在的待遇，和从前相比是高了，可是在同行眼里，他的薪水还是处于中下等水平。不是单位没有提供好的平台，而是他太小心谨慎，习惯性地固步自封，保全自己。这样一来，业绩自然平庸。

思维定式，可以缩短思考时间，减少精力耗费，但它有可能会起一种妨碍和束缚的负面作用，让人陷入一个旧的框框里。任你怎么挣扎，都无法跳出它固定的空间。所以说，一个人取得成就的高度，并不在于他曾经有多少兢兢业业工作的经验，而在于他是否具备突破性的思维，纵然你从前抵达过制高点，可那已成为过去。毕竟，环境不同，时代不同，盲目地搬用过去的经验，未必合适。要想攀登人生的高峰，还需要有新的突破。

思维惯性的出现，让很多人已经忘记了什么叫创新？关于如何突破固有的思维，以及如何用简单的方式，打破尴尬的处境，这里有一则轻松的小故事：

有个谢顶的男人走进理发店。发型师问："有什么能够帮您的吗？"谢顶的男人说："我本来去做头皮移植，可实在是太疼了。如果您能让我的头发看起来和您的一样，而且没有任何的痛苦，我给您5000美元。"发型师自信地说道："没问题。"然后，发型师将自己和对方都剃了个光头。

发型师用行为告诉我们：很多事情，不是你努力了，就会有结果，有可能你的方法是错的，过去的经验不可借鉴。然而，换一个角度去思考，换一种方式去做，根本就用不着大费周折，一样可以达到目的。

为什么现在不少人总在抱怨工作太辛苦，身心太疲惫？其中，有一部分原因就是缺少突破性的创新思维，用自己的经验和别人的经营理念、做事方式，亦步亦趋，如此耗费了大量的时间和精力，效率却不突出。可见，这跟"瞎忙"没什么区别，因为缺乏思考。

我们常常会这样形容一个人：不按常理出牌。其实，人和事都如此。很多问题，原本就是无法通过正常思维去解决的，就算能够解决，也要耗尽精力，唯有快速地寻找有效的解决途径，才是最佳的选择。换一种方式去做，突破固定思维的束缚，主动去优化设想、改善流程，如此，很多看似"不可能"的事，也就变得"可能"了。

想人之未想，做人之未做

现如今，各个领域中的佼佼者们，并不一定都是智力过人的，但他们的成功之处就在于，总会比其他人多想一些问题，多做一些尝试，不局限于常规，不受任何东西的限制。

菲利普·罗斯迈尔是美国一家电器公司的员工，他想向因纽特人推销电冰箱，大家都觉得这简直是天方夜谭，绝对不可能办到。谁都知道，因纽特人生活在北极圈，那里四季都是极度寒冷的，他们所处的环境本身就是一个天然的冰箱。所以，大家听说罗斯迈尔的想法后，都嘲笑他异想天开，说做这件事就如同让铁树开花，不可能实现。

罗斯迈尔不管别人怎么看，他坚持要做这件事，而且他真的做到了。他告诉因纽特人，电冰箱的极冻柜可以在很长一段时间内保持食物不会腐烂，而因纽特人对此非常买账。依靠这个突破点，罗斯迈尔成功地把冰箱推向了因纽特人的市场，并最终占领了整个北极圈的电冰箱市场。

无独有偶。美国有一家鞋业制造商，为了扩大市场，老板就让一个叫威尔逊·克里斯克多的业务员到非洲的一座岛上去做市场调研。结果，克里斯克多到了岛上以后，才发现当地的人都光着脚，一问才知道，这里的人根本就没有穿鞋子的习惯，且是长久以来流传的习俗。于是，克里斯克多就向老板汇报说："岛上的人都不穿鞋，长期光着脚，这是他们的习俗，所以我们不用开发这里的市场了，根本不可能。"

听过克里斯克多的回报后，老板沉思良久，又派了另一个叫史密斯·奥曼哈德的业务员再去岛上做一次调查。奥曼哈德到了岛上后，看到的情况跟克里斯克多描述的一模一样，岛上的人都光着脚，没有穿鞋。可是，奥曼哈德却很开心，他没有立刻回公司，而是在当地找了一家旅馆住下，又给老板打了一个电话，说："岛上的人确实没有穿鞋，但我觉得市场潜力很大，赶紧运 100 万双鞋子过来吧。"

结果，恰如奥曼哈德预期的那样，在他的努力推销下，100 万双鞋子被一抢而空，岛上的人还称奥曼哈德是"使者"。回到公司后，奥曼哈德立刻就被提升为公司市场部的经理。

在同一个地方做市场，克里斯克多与奥曼哈德的观点和结论完全不同，两人的差距就在于，前者在遇到了罕见的问题时，总是结合以往的经验判定为"不可能"。试问：想都不敢想，如何可能做成呢？想做到别人做不到的事，就得敢于打破常规，时刻留意环境的变化，在客观环境的基础上思考切实可行的办法。若总是活在规规矩矩的世界里，就会变成契诃夫笔下的"套中人"。

惠特曼大楼的设计者皮特，在设计出这栋建筑后，被人们指出了一个漏洞：他忘记设计进入大楼的通道。大楼的外面是一个很大的草坪，草坪外面才是马路。如果员工想要进入大楼，就必须得穿过草坪才能进去，可是皮特没有在草坪上修建一条通往大楼的路。直到大楼盖好了，皮特也没有将路设计出来。

人们看到没有路的草坪，纷纷嘲笑皮特太马虎。可笑归笑，该工作还是要工作，每天都有很多人穿过草坪进入大楼。3 个月后的一天，人们发现一夜之间草坪被铺上了地砖，出现了两条通往大楼的小路。这样的话，人们就不用每天踩着草坪上班了。这时，人们才突然意识到，不是皮特马虎，而是他知道自己的设计比不过众人的习惯。路是被人走出来的，只有被人踏出来的路，才是最适合、最方便人们进入大楼的路，因为它是经过众人认可的。

所以，当初他顶住了所有人的质疑，坚持等待小路成形后再铺上地砖。结果，这个打破常规的设计获得了巨大的成功，皮特也因为惠特曼大楼的设计成了炙手可热的设计师。

如果皮特在设计大楼时没有打破常规，就按照自己的想法设计一条看起来很美的小路，结果会是什么样？第一种结果是，人们虽然走在小路上，但会抱怨它不方便，浪费时间，因为他们是来工作的，不是出来踏青旅行的；第二种结果就是，过不了多久，草坪上会出现人们为了节约时间而踩踏出来的一条小路，如此会影响全局设计，让美丽的草坪变得难看。恰恰由于皮特敢不按常理出牌，才使得他的设计别具一格，堪称经典。

巴菲特说："我的成功秘诀只在于别人贪婪的时候我恐惧，别人恐惧的时候我贪婪。"成功者的过人之处就在于此，能突破已经定型的习惯、规矩，当别人都说一件事不可能再有结果，或纷纷说"不"的时候，他们总有自己的判断和奇思妙想。

对工作来说，没有规则显然是不行的，但过于因循守旧、墨守成规，不敢有所改变和尝试，也是不行的。在适当的时候，拿出勇气，想别人未想，做别人未做，才有可能取得梦想中的成功。不要害怕失败，人生最大的风险就是不敢冒险，最大的错误就是不敢犯错，与其庸碌无为地埋没潜能，倒不如放下成败试一次看看。

出其不意，改变游戏规则

美国斯坦福大学教授罗伯特·克利杰在《改变游戏规则》里写过："许多运动员在运动场上之所以创造出佳绩，是因为他们打破了传统的比赛方式。那些杰出的运动员通常都具有'改变游戏规则'的特征。"而关于这一点，艺术大师毕加索也说过："创造之前必须破坏。"

所谓的"改变游戏规则"和"破坏"，到底是什么呢？其实，就是打破传统观念和规则，尝试创新。在工作中，我们碰到新的问题时总是会犯难，用过去的方式处理总是碰壁，此时不是没有办法了，而是证明过去的办法不能适应当下的情况了，必须另辟蹊径。

要改变规则，先得从观念上改变，成为规则的制定者，树立突破和改变的决心。当你决定要这么做的时候，就不能再局限于过去的经验，因为原来的解决模式可能在某些领域能应用，但对解决新问题却可能是一种限制，此时最好的办法是突破旧思维进行创新。

在一次篮球锦标赛上，保加利亚队和捷克斯洛伐克队进行比赛，在比赛仅剩余几秒时，保加利亚队仍然有2分的领先优势。不过，那次世锦赛采用的是循环制的比赛制度，保加利亚队必须取得超过5分的优势，才可以顺利晋级。这就意味着，在接下来的几秒钟内，他们必须再获得3分。所有人都觉得不可能实现。

就在这时，保加利亚队的教练突然叫了暂停。很多人不屑一顾，认为多此一举。暂停结束后，比赛继续，这时候出现了令观众和捷克斯洛伐克队意想不到的事情，保加利亚队的球员拿到球后并没有向对方的篮下进攻，而是突然运球向自己的篮下跑去，迅速跳起投篮，"送"给了捷克斯洛伐克队2分，让两队打成了平手。球入篮后，比赛时间到，全场观众和捷克斯洛伐克队都对保加利亚队的这一做法感到莫名其妙。

片刻后，裁判宣布双方打成平局，需要进入加时赛一决胜负。此时，才有人恍然大悟：保加利亚队的队员不是糊涂了，而是用了一个创新的思维方式，给自己制造了一个起死回生的晋级机会。加时赛中，保加利亚队抱着必胜的心态，赢了6分，如愿以偿地成功晋级。

当所有人都把注意力放在仅剩余的那几秒钟和3分上时，保加利亚队却把关注点放在了让对方跟自己打成平手赢得加时赛的机会上。关注点不同，自然战术就有了转变，出其不意地把球投进自己的篮筐，帮对手得分，看似是糊涂之举，实则是深思熟后的明智抉择。

或许，新的思维方式一旦建立起来，这些旧问题就会自动地消失，

别人走过的路不一定是对的

一个人在森林里行走，这里危机四伏，有可怕的沼泽地，也有猎人精心设计的陷阱。他想了很久，决定沿着一条长满灌木的地方走。没想到，刚走出不远就遇到了沼泽，沉了下去。

几天后，又有一个旅行者来到这片森林，他也思考了半天，最后依然决

定沿着前面那个人的脚印走，毕竟在他之前有人走过这条路。结果可想而知，他也沉在了沼泽地。

没过多久，再次有人来到这片森林，也不假思索地选择了之前的那条小路。和前面两个人一样，他也没能幸免。

听起来这就像是一个重蹈覆辙的故事，可它却赤裸裸地告诉了我们一个现实：别人走过的路不一定是对的，循规蹈矩地按照别人设计的路线走，很可能就丧失了自己的判断力。前人的经验和话语有一定的参考价值，但它是建立在某种特殊的情境之下的，万事万物都有差别，不可一概而论，在问题面前不存在"先来后到"之说，也没有绝对正确的解决方法。一切问题都得在自己认真思索过后才能得出结果，千万次地重复不等于创新。

有个与之相似的故事，但结局却给了我们更多的启示和指引。

相传，在浩瀚无际的沙漠深处，有一座埋藏着诸多宝藏的古城。要想得到宝藏，必须穿越沙漠，战胜途中无数的机关和陷阱。很多人向往这些财富，可又没有勇气和胆量去征服那些陷阱，于是那批宝藏就在古堡里藏了一年又一年。

终于，有一个勇敢的年轻人听爷爷讲了这个传说后，决定去寻宝。他带了充足的干粮和水，独自踏上了寻宝之路。为了在回程的时候不迷失方向，每走一步他都会做一个明显的标记，尽管每一步都充满艰险，可他还是找出了一条路来。就在能望见古城的时候，他因为过于兴奋一脚踩进了布满毒蛇的陷阱，瞬间就被毒蛇吞噬了。

沙漠再次陷入了寂静。

多年后，又一个勇敢的寻宝人，看到先人留下的标记，想着：

这肯定是有人走过的，既然标记在延伸，肯定没有错。沿着这条路走了很长一段，他发现果然很安全，就放松了警惕。结果可想而知，他也掉进了那个可怕的毒蛇陷阱。

最后走进沙漠寻宝的是一位智者，他看到前人留下的标记时在想：千万不能轻信这些东西，不然为什么那些寻宝者一去不复返了呢？他凭借着自己的智慧，在浩瀚无边的沙漠里重新开辟了一条道路，每走一步都小心翼翼，扎扎实实。终于，他战胜了杀机四伏的陷阱，抵达了古堡。

临终前，这位获得宝藏的智者告诉自己的儿孙："前人走过的路，不一定通往成功，不可迷信经验，已被踏平的大路尽头，绝对没有价值连城的宝藏供你们采集。即使原来真有宝藏，也早已被那些更早踏上这条路的人采集完了。"

成功和完满的结果，对我们来说，就如同是古堡里的宝藏，但循规蹈矩地延续某一种方法，不一定就能实现预期的愿望。你一定也听过这句话："条条大路通罗马。"其实，它是有典故的：古罗马曾经是横跨亚非欧的政治、经济、文化中心，频繁的对外贸易和文化活动，让很多外国商人和朝圣者进入罗马城。古罗马的统治者为了加强对罗马城的管理，修建了一条条大路，这些大道全部以罗马城为中心，向四面八方铺设。据说，人们从欧洲任何一条大道开始不停地向前走，都能通向罗马城。

通往成功的路不止一条，解决问题的方法也不止一个，完成目标的选择也不止一种。我们不能完全效仿同行同类的经验，而是要敢于推翻原来的套路，开创一个全新的、更好的方式，这或许才能与时俱进地解决问题，或是给我们带来惊喜。

当人人都在喧嚣的城市中找寻安宁的时候，你有没有想过，宁静也可以成为一种商品，或是一种创意呢？在纽约城就有一位酒吧老板，发现了这个商机。

当他刚刚萌生这个念头的时候，着实把自己吓了一跳，觉得自己太疯狂了。可是后来，他的整个心思都被这个想法占据了。是啊，为什么不可以出售宁静呢？于是，他下定决心，在自己的酒吧里举行一场"沉默晚会"，出售宁静。

在晚会上，任何参与者都不能发出声响，每个人都只能通过书写或肢体语言来跟其他人进行交流。他发布了这场特别的"沉默晚会"后，消费者络绎不绝地来到他的酒吧，渴望享受一下沉默与难得的宁静。他们在纸上写下自己的心声投给心仪的人，或是眉目传情，一时间酒吧里悄无声息，气氛却很融洽。两个小时以后，酒吧老板宣布"沉默晚会"结束，所有的人都在沉默中爆发，酒吧内一片欢呼，他们都享受到了久违的宁静，多了与伴侣心灵交流的机会。

之后，这家酒吧每隔半个月都会举行一次这样的"沉默晚会"，而酒吧的生意也比从前更好。渐渐地，"沉默晚会"开始作为一种新型的娱乐方式在纽约盛行，它让人们知道，酒吧不一定都是喧闹和热烈的，还可以那么安静。

事实上，这就是一种另辟蹊径的成功，不是在传统酒吧的经营方式上改良，而是彻底打破已经定型的习惯和规矩，创造出全新的、能够满足人们需求的东西。做任何事情都是这样，不能只懂跟着别人的路径走，传统值得被尊重，但创新更是一种不可或缺的能力。

最后，让我们牢记叔本华的一句话："记录在纸上的思想就如同某人留在沙滩上的脚印，我们也许能看到他走过的路径，但若想知道他在路上看见了什么东西，就必须用我们自己的眼睛。"

态度要坚决，方法要灵活

"坚持就是胜利"，"只要功夫深，铁杵也能磨成针"，类似的语言我们看过很多，并不知不觉在脑海里把坚持视为成功的标配。诚然，坚持是一种韧劲儿，是一种值得提倡的品行，但若说它一定能换来成功或是良好的结果，那未免有点太过于主观了。

对于这个问题，我们不妨一起看看下面这个故事：

一群人在大海里划船，距离海岸越来越远，他们迷路了。这时候，狂风大起，每个人的生命都在大海里飘摇。在这些人中，有两个人知道正确的方向，他们应该向西划行。

第一个人很快说出了自己的想法，态度很坚决。可是，除了另外一个知情者，其他的人都认为应该向东。在关乎生命安危的时刻，多数人都乱了方寸，根本不相信他所说的话。另外一个知道向西是对的人，也没有说话，一直保持着沉默。

于是，第一个人跟其他人争执起来。最后的结果很可怕，他被一群失去理智的人扔进了大海。船，继续在大海里向东行驶。另外一个知道方向的人，此时假装认为应该向东，如果他不这样做，那么下场很可能跟第一个人一样，葬身于茫茫大海。可是，他必须想一个办法矫正船的方向，否则也将是死路一条。

他选择跟大家搞好关系，慢慢地取得大家的信任。由于他曾经做过水手，有这方面的经验，所以后来他提出由自己掌舵的时候，众人高兴地同意了。船依旧向东航行，可他在船每走一段路时，就把方向稍微调整一点，大家都觉察不出来。在兜了一大圈之后，方向终于转变过来了，船一路向西行驶。最后，大家在不知不觉中抵达了西面的陆地。

这时候，他慢慢地把真相揭开。大家在懊悔扔下那位知情的同伴时，也由衷地感激他用这样一个巧妙的方式，挽回了大家的性命。

现在，我们从生活的角度来回顾一下这件事。两个人都知道正确的方向，知道该往哪儿走，但第一个人太死板，遇到问题时过于固执，一点灵活变通的意识都没有，虽然出于好心，费了半天口舌，但结果还是葬身大海了，没能达到预期的目的，所做的一切努力都化为乌有。第二个人就不一样了，他心里始终知道向西是正确的方向，但他很灵活，没有在言语上和行为上一直强调——我是对的，我就要这样做。他换了一种方式，一种坚持自己的原则却又能让他人更好地接纳自己的方式，最终达到了目的。

生活中，见过很多雄心壮志、充满毅力的人，可他们却因为不懂得积极适应多变的环境，与成功擦肩而过。还有很多成功的人，好像做什么都能得心应手，即便是无望的僵局，也能够让它再现生机，其原因就是他们具备不固步自封的灵活力。

美国著名人物罗兹曾说："生活的最大成就就是不断改变自己，以使自己悟出生活之道。"灵活变通是遇到问题和困难时可以采取的方法和手段。所以，当我们发现一种方式行不通的时候，可以不必继续坚持，而是动脑子想想如何换一个角度和方式重新尝试，说不定柳暗花明。

灵活，是智慧中的智慧，是才能中的才能。灵活，并不是放弃自己的原则，它是另一种意义上的坚持。人生在世，无论是生活还是工作，都会遇到各种矛盾和变化，应对它们最好的办法，就是在不可改变的环境中，改变自己。这种灵活力能帮你寻求解决问题的新方法。

A 和 B 两人在同一家快餐店做服务员，他们年龄相仿，薪水也差不多。然而，半年后，A 就得到了老板的嘉奖，很快被加薪；一年后，A 荣升为组长。至于 B，他依然在原地踏步，心里满是不甘和不平衡。看到 B 的状态，老板决定用事实说话，让他站在一旁，观看 A 的工作过程。

A 站在冷饮柜台前，一位顾客走过来，想要一杯麦乳混合饮料。A 很聪明，不只是卖冷饮，还顺便卖鸡蛋。他微笑着对顾客说："先生，您愿意在饮料里加 1 个鸡蛋还是 2 个呢？"

顾客回答说："哦，加 1 个就行了。"

在麦乳饮料中加 1 个鸡蛋，通常是要额外收钱的。于是，快餐店除了卖出一杯冷饮外，又多卖出 1 个鸡蛋。

看完 A 的工作流程后，经理对 B 说道："据我观察，我们店里很多服务员，包括你在内，都是这样提问的：'先生，您要在饮料中加个鸡蛋吗？'这时候，顾客给出的回答是：'不，谢谢。'你们在做着同样的事，花费了同样的时间和精力，我都看在眼里。你的确兢兢业业，做事一丝不苟，但你没能在工作中主动思考问题，灵活地变通一下你的工作方式，没能够给店里创造更多额外的收益。所以，基于这一点，我没有理由不给 A 加薪升职。"

坚持做你该做的事，在坚持的同时探寻更快捷、更高效的方式，充分发挥正确的思考能力和创造能力，才能够把任务变成自己成长、走向成功的机遇。

借助他人的力量解决问题

职场上判定一个人工作能力的强弱，不是看他的学历和经验，而是看他做事的方法。

有些人很聪明，但不一定会成功，比如他总是自视清高，认为没什么问题是自己不能解决的，一旦离开自己任何事情都会搞砸。所以，他们事事亲力亲为，不相信别人，结果不是把自己累得一塌糊涂，就是陷入了事倍功半的牢笼中。

相反，有些人缺点明显，个人能力不是那么强，却非常有智慧。他们懂得重视自己的重要性，但更懂得汲取百家之长，融入外界的力量，集思广益、叠加能量，让解决问题变得简单而轻松。

其实，面对生活和工作，当自己无法独立完成一件事、解决一个问题的时候，强迫着自己继续坚持，只会适得其反。

寒冬腊月，一个卖包子的和一个卖被子的同到一座破庙里躲避风雪。天很晚了，卖包子的很冷，卖被子的很饿，但他们都相信对方会有求于自己，所以谁也不肯先开口。就这样，卖包子的一个接一个地吃包子，卖被子的一条接一条地往身上盖被子，谁也不愿意向对方求救。最后，卖包子的冻死了，卖被子的饿死了。

这样的情形在我们的生活中并不少见。个人的力量对自然、对社会来说，都是渺小的，所以我们才要强调协作。力所不能及的时候，调动外界的一些力量，不失为一个好的办法。有时，可能他人不经意间提出的一个点子，就会拓宽我们的思路；他人的举手之劳，就能给我们减轻不少压力和负担。

比尔·盖茨说："一个善于借助他人力量的企业家，应该说是一个聪明的企业家。在办事的过程中善于借助他人力量的人，也是一个聪明的人。"中国台湾巨富陈永泰也说过："聪明人都是通过别人的力量，去达成自己的目标。"

人生的成功离不开他人的协助，人与人之间的交往和互助就是成就事业和幸福生活的基石。成功者都善于借力、借势去营造一种氛围，从而攻克一件件难事。在这个提倡协作的时代，单枪匹马的做事方法俨然已经不适应时代的需求了，我们要善于把不同人身上不同的优点集合在一起，以求事半功倍的效果。

　　赵某是某单位的 HR 主管，他在工作中遇见了一桩棘手的事。

　　单位的一位员工在出差的时候手臂骨折，这样的事情以前没有发生过，单位要如何处理这件事，是否该赔付，赔付多少，都没有可参考的例子。可这件事在处理上又不能马虎，毕竟牵扯到员工的利益，老板还是希望他尽快处理，担心拖下去会被员工认为不够重视或想逃避责任。

　　要妥善处理这件事，必须兼顾组织和员工的利益，对内对外都不能留下隐患。一时间，赵某不知所措，琢磨了半天的时间，他还是觉得要寻求外援。他给同样做人力资源管理的朋友打电话，这些朋友给他提供了至少 10 条有效的信息，依据这些信息，他很快就列出了一些解决方案，还写了部门处理类似事情的流程上报，老板对他的工作非常满意。

　　赵某觉得能圆满处理好这件事情，主要还是得益于同行的帮助。之前，他经常参加一些人力资源方面的活动，认识了不少的同行，虽然大家没有时间经常见面，可沟通还是很多的，逐渐就形成了一个关系网。有谁遇到什么不懂的问题，大家都会积极地提供帮助，毕竟都是专业的人士，方法也都比较有针对性。

一人事，一人知，一人行，可谓独断专行；二人事，二人知，二人行，可谓合作无间；大家事，大家知，大家行，可谓众志成城。现实就是这样，不管一个人自身的能力多强，智慧和才华总是有限的，唯有借助他人的能力和智慧，取长补短，为我所用，才能走得更顺畅。

工作不是一出独角戏，而是一出大合唱。在完成任务、追逐目标的时候，学会借力是很必要的，这无所谓自尊的问题，任何人都不可避免地需要别人的帮助。只有善于借助外界的各种力量和智慧，才能在工作中无往不利。

知识有限，想象力无限

阿拉伯民间故事集《天方夜谭》里，最动人的一段莫过于阿拉丁神灯了，只要用手摩擦一下，就能从里面跑出来一个精灵，帮你实现心中的愿望。几乎所有人都渴望拥有这样一件神奇的宝物，事实上，我们每个人身上真的存在这样一个精灵，它的能量比阿拉丁神灯更神奇，能帮你实现的不只是三个愿望。

爱因斯坦曾说："想象力比知识更重要，因为知识是有限的，而想象力概括着世界上的一切，推动着社会的进步，成为知识进化的源泉。"一个人能力的大小很大程度上取决于他是否有丰富的想象力，在同等条件下，想象力丰富的人往往更容易做成事。任何一种发明创造和事物的发展创新，都是经过对事物的知觉到初步的想象，最终完成实践求证的过程。

心理学家 R.A·凡戴尔通过一种人为控制的实验证明：让一个人每天坐在靶子前面想象着自己对靶子投镖，经过一段时间后，这种心理练习几乎和实际投镖练习一样，均可以提高命中率。同时，另外一组心理实验也证明，通过心理练习对改进投篮技巧也有类似的效果。

　　有个孩子经常"说谎"，手里拿的明明是一块怪异的石头，他却声称是价值连城的宝石。正因为此，周围的同龄人都不太喜欢他。他并不在意，依然对身边的东西发表着独属于自己的看法。后来，老师也发现了这个问题，并将事情告知了他的父亲。父亲没有批评他，而是暗中观察。

　　有一次，他在泥地里捡到了一枚硬币，神秘兮兮地拿给自己的姐姐，说："这是一枚古罗马造的硬币。"他姐姐接过来一看，发现那不过是一枚普通的旧币，只是因为受潮生锈，显得有些古旧罢了。姐姐把这件事告诉了父亲，希望父亲惩罚他，让他改掉随便"说谎"的毛病。父亲笑了笑，把他叫了过来，抚摸着他的头说："你的想象力真伟大，我怎么能惩罚你呢？"

　　大家都觉得父亲过于溺爱他，怂恿他说谎的行为，将来一定会害了这孩子，让他成为一个满口大话的虚伪的人。可是，谁也没有想到，这个孩子长大以后，却成了闻名于世的科学家。他靠着超乎寻常的想象力和大量的实验证明，创立了进化论，他的名字叫达尔文。

列宁曾引用皮萨列夫的话说过："如果一个人完全没有这样幻想的能力，如果他不能在有的时候跑到前面去，用自己的想象力来给刚刚开始在他手里形成的作品勾画出完美的图景，那么我就真是不能设想，有什么刺激力量会驱使人们在艺术、科学和实际生活方面从事广泛而艰苦的工作，并把它坚持到底……"想象力是所有计划的基础，借助头脑的想象力，各种渴望就有了形质，并能够付诸行动。世间多少成功者都是运用这一力量，创造出了奇迹。

德国气象学家魏格纳卧病在床期间，望着墙上的世界地图思考：为什么大西洋两岸的弯曲形状如此相似？亚马逊河口突出的大陆刚好能填进非洲的几内亚湾；沿北美洲海岸到非洲海岸的凸形地带，它们拼合在一起，简直就像一块完整的大陆。这是巧合，还是原来的整块大陆被分割成几块了呢？

第二年秋天，魏格纳在一份材料上看到，南美洲和非洲、欧洲、北美洲、马达加斯加、印度等地区的蚯蚓、蜗牛、猿以及其他古生物化石，都有一定的相似性。这让魏格纳想起自己生病期间思考的那个问题，难道这些古生物都是飞过大西洋的吗？

魏格纳开始发挥自己的想象力，脑海里呈现出大陆的原始模样，以及后来如何分崩离析，像浮在水面上的冰块一样不断漂移，形成现在的格局。为了证明自己的想法，他不断地翻阅资料，仔细考证，最终提出了一个全新的地质结构学说——大陆漂移。

很多时候，当你眼前面临着一个似乎无法解决的问题时，不要急着懊恼沮丧，试着研究一下它。在似乎真的找不到解决的途径时，请放开你的想象力。当你唤醒了身体里的这个精灵时，它往往能使你的人生华丽逆袭。

威廉·泽肯多夫是20世纪60年代美国非常有魄力的房地产商，

他最引以为豪的就是自己解决问题的能力。这个充满想象力的商人，从来都不曾被阻力吓倒，时刻秉承着敢想敢做的独特风格。

在他经营房地产的生涯中，发生过这样一件事：他想买下纽约市两家最大的百货公司，即梅西百货公司和金贝尔百货公司之间的整个街区，并打算重新整修路边那一片地盘，然后出租给伍尔沃斯百货公司。这样一来，当购物者从梅西公司走到金贝尔公司时，肯定要穿过伍尔沃斯公司，生意必然差不了。

聪明的泽肯多夫，并没有直接表明自己的意图，他让代理人出面操作，以此来遮掩自己的真正目的。他买下了所有必需的土地，最后只剩下一个障碍：街区中央有一个破旧的消防站，纽约市政府拒绝出售给他。整个工程就卡在了这儿，迟迟不能动工。

泽肯多夫并没有退缩，他在附近买了一块地，在那里修建了一个现代化的消防站，住房、娱乐厅等一应俱全，考虑周全的他甚至为消防员们安上了淋浴设备。接着，他把这个消防站献给了纽约市，只收取了1美元。纽约市政府收下了这个消防站，泽肯多夫的生意也做成了。

成功的人总是善用自己的想象力，打破传统的模式，做一些出其不意的事情，最终打开一条通向光明的道路。生活中，你也要养成把所有的意识和心理活动转化为栩栩如生的图像的习惯，养成随时随地都能够在头脑里演绎电影的能力，如此你便可以在心里创造出美好的生活图画，构建出成功的蓝图，并将其转化为思想习惯、行为能力，以及内在的成功机制，最终将一切变成现实。

逆向思维是一种能力

　　一家时装店的经理不小心把一条高档的毛呢裙烧了一个洞，让其价值顿时一落千丈。如果用传统的织补法来补救，虽说能蒙混过关，但这无异于欺骗顾客。这位经理突发奇想，干脆就在小洞的周围又挖了一些小洞，并精心装饰，将其命名为"凤尾裙"。结果，"凤尾裙"引领了时尚，成为畅销货，该时装店也因此出了名。

　　长期以来，我们习惯沿着事物发展的正方向去思考问题，并寻求解决的办法。但有些时候，对于一些特殊问题，我们会发现，惯用的办法根本行不通。此时，如果尝试一下逆向思考，很有可能会发现问题变得简单了，这就是逆向思维的魅力。

泉州街头有一位卖福州干面的小摊贩，每天的营业时间很短，可生意非常红火。这个面摊不大，倚墙而立，紧靠着一间破旧的废弃房舍的墙边，看起来很陈旧，但与斑驳的墙壁并列而放，倒多了几分复古的味道，也很协调。面摊旁边摆了三张可以折叠的小桌子和不少轻便的圆椅子，整体看来给人的感觉就是，简单、朴实、方便搬移。

小面摊卖的东西并不多，就是福州干面和两三种汤类而已，没有太多可选择的东西。小面摊除了老板以外，还有老板娘和另一个妇女。很多人好奇：这个小摊看起来也没什么特别之处，它为何生意如此火爆呢？

其实，如果认真琢磨它的细节之处，就会发现，这个小面摊是很有特色的，老板一直在用逆向思维做生意。比如，他做的食物很简单，就是汤和面，连小菜都没有，这是化繁为简的观念，由此可减少事先的准备工作以及开市后客人点菜和计价上的麻烦，无形中缩短了顾客用餐的时间，也提高了营业效益和客流量；用来煮汤面的地方不大，但每个用品所摆的位置都很顺手，能让老板在煮面时更快、更方便；他刻意不添桌子，只添椅子，突破了场地的限制。这些都充分说明面摊老板是花费了心思的。

汤姆·彼得斯曾经说过："创造性思维为你提供了实现自我更多的机会。"社会竞争激烈，有才能者比比皆是，可遇到具体的实际问题时，谁具备多重思维，谁就能给自己创造脱颖而出的机会。现在的用人单位，早已不再像从前一样力求寻找"最优秀的人"，这个概念过于泛泛，他们更渴望的是"有特点的人"。

举个最简单的例子，每年毕业之际，都会有大量的应届生找工作。很多求职者为了吸引用人单位的眼球，在简历上罗列自己取得的各种荣誉和成绩，看似是放了一大堆的东西，可真正能给招聘方留下深刻印象的优点寥寥无几。但也有一些人，可能本身的硬性条件不是很好，却能想办法给人耳目一新的感觉，引起对方的注意。

曾经有一个大专生，面对一群学历比自己高的竞争对手，他发挥了逆向思维，在简历上做了一个"倒叙"。通常，简历都是从介绍自己的姓名、兴趣、爱好等开始，可他却从用人单位都比较注重的"工作经验"入手，先声夺人，开篇就吸引了招聘方的注意力。

同时，在众多求职者都忙着包装自己、强调自己的优势时，他故意介绍了一下自己的"缺点"，但其实这些"缺点"是经过精心设计的，他知道用人单位比较看重这一点。结果，这位专科生就从众多的竞争者中胜出了。

无论是求职还是做事，能够运用逆向思维的人，往往都会给领导留下深刻的印象，因为这最容易凸显一个人的思维能力、工作风格和发展潜力。多一种思维方式，就多一个解决问题的方法，生活中那些全新的观念、好的创意都是来自出其不意的创造力，就像新闻记者罗伯特·怀尔特说的那样："任何人都会在商店里看时装，在博物馆里看历史，但是具有创造性的开拓者却是在五金店里看历史，在飞机场看时装。"

日本有一家公司，专门生产圆珠笔笔芯，但是产品销量却不太好。很多用户反映说，在笔芯里的"油"还剩下三分之一的时候，笔尖上的"圆珠"就坏了。显然，是笔尖上的"圆珠"质量有问题。于是，该公司请来专家，设了课题，务求攻克这一技术难关。研究了很久，问题还是没能解决。

后来，这个难倒许多专家的难题却被一位普通工人给解决了。他的办法很简单，就是把笔芯里的油减少一半。这样一来，等不到"圆珠"罢工，油就用完了。从此，这种笔芯成了质量最好的笔芯，每一支笔芯都能把油用得干干净净而圆珠部分仍完好无损。这使用户觉得，只要还有油的话，这种笔芯就永远没有坏的时候。

我们习惯运用正向思维，因此思维库里也积累了大量的成功经验，这些经验在我们处理问题的时候带来过便捷，但它们通常也只适合解决常规问题，而不能用于疑难问题。所以，在碰到疑难问题且用正向思维不能解决时，我们应当试试反其道而行，也许就是简单的倒过来思考，可能会有意想不到的收获。

学会举一反三的做事方法

一座大山上有两个寺院，分属不同的派别。每天早上，两个寺院都会派出一个小和尚到山下的市场买菜，他们出发的时间相同，所以总能碰见。两个小和尚经常明里暗里地试探对方的悟性。

一天，和尚甲问和尚乙："你到哪里去？"

和尚乙说："脚到哪里我就到哪里。"

听他这样回答，和尚甲一时间语塞了，不知如何接话。回到寺院后，他向师父请教，师父对他说："下次你碰见他，用同样的话问他，如果他还是那样回答，你就说：'如果没有脚，你到哪里去？'这样就可以击败他了。"和尚甲听完，点头称是，高兴地走了。

第二天早上，和尚甲又遇见了和尚乙，满怀信心地问他："你到哪里去？"

没想到，和尚乙这次回答说："风往哪里去，我往哪里去。"

和尚甲再一次不知如何作答，尴尬不已。

　　回到寺院后，和尚甲又把对方的回答报告给师父，师父苦笑着说："那你没有反问他：'如果没有风，你到哪里去？'这是一个道理啊！"和尚甲听后，暗暗下决心，明天一定要胜利。

　　第三天，和尚甲再次碰到和尚乙，他又问："你到哪里去？"

　　和尚乙说："我到市场去。"

　　和尚甲再次无言以对。

　　师父听过他的讲述后，摇头感叹："能够举一反三的'悟'，才是真的'悟'啊！"

　　这虽然是一个故事，却也折射出现实中的很多问题。职场中的员工大致可分成三类：第一类，不管说多少次，犯多少次错，屡教不改，顽固得像石头。不管什么东西，在他那里都不吸收，什么都学不到，即便是悟出了道理，也不愿意改。这样的人最令人生厌，也很难在事业上有建树；第二类，能够从每件事情中学到一点东西，但不懂得融会贯通，成长起来很慢；第三类，触类旁通，举一反三，做事灵活不死板。这样的人是职场中最需要的，也是最容易获得发展的。

　　走路时不小心踩到香蕉皮上，很容易滑倒，这是很多人司空见惯的一种现象。20世纪60年代，一位美国学者却对这一现象产生了浓厚的兴趣。他通过显微镜观察，发现香蕉皮是由几百个薄层构成的，层与层之间很容易产生滑动。由此，他突然想到：如果能找到与香蕉皮相似的物质，则能作为很好的润滑剂。就这样，经过再三实验，一种性能优良的润滑剂被制造出来了。

　　做事不善思考，只知其一不知其二者，只会沿着别人走过的道路走，永远不可能留下自己的脚印。只有触类旁通的人，才是真正的聪明人，他懂得用已有的知识和经验，与陌生的问题作对比，寻找相似点，从而解决问题。

从古希腊时代开始，医生一直都是把耳朵贴在病人的胸口来倾听心脏的声音，直到 1816 年才有了听诊器，它的发明者是一个叫雷耐克的小伙子。

雷耐克性格腼腆，有一次，一个年轻漂亮的女子来到他的诊所，述说自己的心脏不舒服，雷耐克太害羞了，不敢把耳朵贴到女病人的胸部。这时，他突然想到了一个场景：两个小孩玩游戏，一个小孩敲木头的一端，另一个小孩把耳朵贴近木头的另一端就能听见，尽管当时那个小孩敲得非常轻。

灵机一动的雷耐克，顺手抓起一叠纸，把纸卷成管状，而后把纸卷的一头放在女病人的胸口，他在另一端倾听。让他兴奋的是，真的可以听到心脏的跳动声，且比从前贴近胸口时听得更为清晰！长久以来，困扰着他的诊断问题终于解决了。就这样，听诊器诞生了。

谁能想到，一个卷起的纸筒竟然能让临床医学向前迈进一大步！后来，雷耐克又尝试用木料代替硬纸做成单耳式的木制听诊器，后人在其基础上又研制出现代广泛应用的双耳听诊器，给医生的工作提供了极大的便利。

触类旁通一直是人类进行创造性思维的重要途径和方式，它能够给想象力和创造力以一个更大的空间，达到事半功倍的效果。18 世纪 60 年代初，英国北部卡都布莱克本地区住着一个名叫哈格里夫斯的人，他和妻子靠织布纺纱维持生计。

有一天，哈格里夫斯的妻子在纺织的时候，不小心把纺车碰倒了。奇怪的是，纺车上的纺锤从水平变成垂直，立了起来，但依旧转着。哈格里夫斯突然意识到，原来纺锤立着也能够转动！如果在一个框框中并排立着几个纺锤，用同一个纺轮带动它们，是不是能同时纺好几根纱呢？想到这儿的时候，他异常兴奋，立刻就动手做了一个立式纺锤的纺车，在一个框框上并排安装了 8 个纺锤，一下子使工作效率提升了 8 倍。

后来，哈格里夫斯用女儿的名字为之命名，这就是"珍妮纺纱机"的由来。当时，谁也没有想到，这样一个发明居然成了"震撼旧世纪基础"的杠杆，孕育出了一场震惊世界的工业革命。

一位创造学家说得好："要具备经验迁移的能力，首先必须懂得举一反三，触类旁通。"

知识也好，经验也罢，不能让脑子变成装载它们的仓库，而是要成为熔炉，把所有学到的东西在熔炉里消化吸收，能够根据实际情况调动出需要的东西，不固守某一种形式和方法，这才是真正意义上的融会贯通。掌握了这样的技能，你会在工作和生活中少走许多弯路，且能够富有创造性地处理很多问题。

尝试那条少有人走的路

亚细亚流传着一则寓言故事：率军征战的亚历山大在占领了小亚细亚的一座城镇后，有人请他观看一辆神话传说中的皇帝的战车，车上有一个用套辕杆的皮带奇形怪状地纠缠起来的结。据说，驾驭这辆战车的皇帝曾经预言，谁能解开这个奇异的"高尔丁死结"，谁就会成为亚细亚之王。

许多人尝试解开这个死结，可最终都失败了。亚历山大见此，兴致顿生，决定一试。他苦思冥想了半天，仍然没有找到解开的办法。这时，他突然挥起手中的刀，一下把结劈成两半，并大声宣布："这就是我自己的解结规则！"后来，人们在敬畏亚历山大的智慧和魄力时，也把"高尔丁死结"作为疑难问题的代名词。

对任何一个职场人来说，在工作中遭遇"高尔丁死结"都是再平常不过的事，比如刚接触一项新工作时，完全不知从哪儿下手，摸索了一段时间后，好不容易掌握了做事的方法与技巧，新的问题又来了。有的问题，完全超出了我们的想象，所有的经验和技巧在它面前都显得苍白无力，整个局面又变得紧张起来，一切就像是回到了最初，又陷入难以解决的困境中，迷茫焦虑，不知所措。

面对这些"高尔丁死结"，怎么办？首先，不管有没有想到办法，不能消极懈怠、自暴自弃；其次，不要固守一种思路，迷信一种方法，摆脱过去的经验，试着去探寻其他的途径，换个地方打井，也许就会得到甘甜的成功之水。

美国有个年轻人本打算到西部淘金，可到了那儿才发现，淘金的人比金子还要多。他刚刚圈定了"地盘"想要大干一场，就被几个凶神恶煞的大汉呵斥走了，说那是他们的领地。换另外一个地方，情况也是一样。

怎么办呢？年轻人倒也没沮丧，也没再换地方淘金，他开始仔细观察周围的环境，发现淘金的人很多，但淘金的地方都很干旱，严重缺乏水源。那些忙着淘金的人大都忍受着饥渴，还有不少人因此而丧命。

淘金的目的是为了赚钱，那何不换一种方式间接地去赚这个钱呢？年轻人突发奇想：在这里淘金的希望很渺茫，但找水的希望还是很大的，与其跟他们去抢夺金子，倒不如卖水赚钱。于是，他放弃了淘金，开始去寻找水源，找到水后拉到淘金地点，再卖给那些淘金的人。

当时，这个年轻人在淘金的地方不挖金子，与那些因淘金一夜暴富的人比起来，确实有点儿"傻"，很多人都笑他，可他一如既往。几个月后，多数淘金者空手而归，而他却在短时间内赚了6000美元，这在当时是一笔相当可观的数额。

还有一位美国收藏家，早期总是收藏那些价值不菲的名品，可过了一段时间后，他的资金就跟不上了，经济上捉襟见肘。如果他想继续收藏那些名品，只能跟银行、高利贷借款，可他不想那么做。于是，他就换了一条路，开始收藏名家的"劣画"。事实证明，他非常有眼光，那些劣画价格便宜，且容易收集，短短一年的时间里，他就收集了三百多幅。

很多人都不理解：他要这些劣画干什么呢？能卖出去吗？

当然。这位收藏家在各大报纸上刊登广告，说他决定要办一场名家劣画大展，目的是让人们更加珍惜名画，更好地辨别名画。这个画展办得非常成功，很多热爱艺术的人闻讯而来，参观他们所仰慕的大师的劣画，还有人不惜重金把画买下来。这位收藏家也因此名声大噪，成了收藏界的知名人士。

很多人庸庸碌碌，不是因为缺少能力、耐力和努力，而是缺乏思考。他们每天都在过着固定模式的生活，创造性的思维得不到运用。在规范雷同的思维下，他们很少做出什么令人惊喜的事情来。很多时候，我们不能只认一条路，要学得灵活一点儿，必要的时候可以选择那条少有人走的路。

某公司准备宴请几位大客户，秘书把市内比较有名的餐厅都搜罗了一遍，可经理都不太满意。虽说那些餐厅设施很好，但对于大客户来说，实在没什么新意。经理一直苦思冥想，在回家的路上，他突然看到了一幅广告牌，上面写着：北京，文化之旅。

对呀！可以从文化入手啊！他让助理定了一艘船，从北京展览馆上船，一路走皇家水道至颐和园。船上，一桌西式自助冷餐，外加红酒、甜点、零食。一路上丝竹悠扬，欢声笑语，两岸忽而繁华，忽而静谧。对于那些在商场上疲惫打拼的经理人来说，来北京无数次，却鲜有时间静下心来欣赏一番风景，感受不一样的古都文化。客户们对这次的答谢会都很满意，也体会到了该经理的良苦用心，之后都表示愿意跟他们长期合作。

在多数人极尽奢华之能事时，该经理独辟蹊径地选择了从文化品位突破，可谓别出心裁。这就是所谓的不走寻常路。成功就要做别人不做的事情。当别人对一件事趋之若鹜的时候，就该想想还有没有其他的选择？

瑞典有一位精明的商人，他开设了一家"填空当公司"，专门生产、销售在市场上断档脱销的商品，做独门生意；德国有一家"怪缺商店"，经营的商品在市场上很难买到，如大个手指头的手套、缺一只袖子的上衣、驼背者需要的睡衣，等等。由于是填空当，一段时间内就不会有竞争对手，因而总能有利润。

当所有人都挤破脑袋想走同一条路的时候，另辟蹊径不失为一个好主意。若只懂得沿着别人的路走，即使取得一点进步，也难以超越别人；唯有做别人没有做过的事，创造一条属于自己的路，才有可能把他人甩在你身后。

合理安排，巧用排序取胜

某单位的职员 A 在办公室负责内勤，虽然已经做了有一年多的时间，可总是觉得"不顺手"，时常出岔子。上周四，A 的工作计划上罗列着一天要做的任务清单：

1. 做出下个季度的部门工作计划，第二天上交给上司。

2. 约见一位重要的来访者。

3. 11 点半到机场接机，对方是 5 年未见的大学同学，接机后要将其送到酒店。

4. 去一趟医院，开过敏症的药物。

5. 到银行办理一些业务。

6. 下班后与爱人一起吃饭，庆祝纪念日。

要做的事情就这些，但似乎从一开始就不太顺利。由于前一天睡得有些晚，A早晨起床迟了半小时，匆匆忙忙地打车到单位，可还是迟到了5分钟。一进办公室的门，就接到上司的电话，提醒他第二天必须交计划书。

A打开电脑，上网查看自己的信箱，逐一回复邮件，不停地打电话答复下属部门的问询。最后一个电话结束时，已经11点了。她向上司请了一会儿假，匆忙地赶到机场，还好只迟了10分钟，想打电话告诉同学的时候，才发现对方早上登机前已发过来短信，说飞机晚点了。

12点钟见到同学，A送对方到酒店，一起吃了午饭。这顿饭吃得并不踏实，A心里想着14∶50要见客户，所以一边吃饭一边跟客户约定地点。14∶00的时候，A跟同学告别，赶到约定地点。由于花粉过敏，A在跟客户约见的时候不停地打喷嚏，只好连声道歉，弄得很尴尬。

回到单位，刚坐到工位上想写一下计划书，银行打电话来催。赶到银行时，突然被告知需要加一份文件，气急败坏的A跟银行工作人员理论了半天，又回到单位。办完了银行的业务后，临近下班只有1个小时了。A觉得很累，没有心思再写那份计划书，就先给同学打了一个电话，聊聊天释放情绪。整理完文件，A跟爱人去约会，一起吃晚饭庆祝纪念日，可是整个人的状态很不好，连连打哈欠。回到家后，爱人休息了，A泡了一杯浓浓的咖啡，坐在电脑前，赶着那份重要的计划书。

A的工作一直都处于这样的状态中，忙忙碌碌，火急火燎，却总是干不完活。A经常会跟家人朋友抱怨，说工作太辛苦，做内勤要处理很多的杂事。其实，我们作为旁观者，很容易看出来，不是A的工作任务太麻烦，而是A做事太缺乏条理，不懂得方法。

想必大家都听过田忌赛马的故事：赛马是当时的齐国贵族最喜欢的一项娱乐，上至国王，下至大臣，经常以赛马取乐，并以重金赌输赢。齐国大将军田忌多次与国王和其他大臣赛马，但屡赌屡输。后来，经常为他出谋划策的孙膑给他出了一个主意，帮他转败为胜。

齐王和田忌分别要在上、中、下三等马中各选一匹来比试，一共比试三个回合，并约定了千金的赌注。当时，齐王的每一等次的马比田忌同样等次的马略胜一筹，因而，如果田忌用自己的上等马与齐王的上等马比，用自己的中等马与齐王的中等马比，用自己的下等马与齐王的下等马比，则田忌必输无疑。但是结果，田忌没有输，反而赢了。这是怎么回事呢？

原来，在比赛前孙膑建议田忌，用自己的下等马与齐王的上等马比赛。比赛开始，只见齐王的好马飞快地冲在前面，而田忌的马远远落在后面，齐王得意地开怀大笑。第二场比赛，还是按照孙膑的安排，田忌用自己的上等马与齐王的中等马比赛，在一片喝彩中，只见田忌的马竟然冲到齐王的马前面，赢了第二场。关键的第三场，田忌的中等马和国王的下等马比赛，田忌的马又一次冲到齐王的马前面，结果二比一，田忌赢了齐王。

齐王很奇怪田忌从哪里得到了这么好的赛马。这时，田忌才告诉齐王，他的胜利并不是因为找到了更好的马，而是用了计策。随后，他将孙膑的计策讲了出来，齐王恍然大悟，立刻把孙膑召入王宫。

田忌胜出的关键不在于马匹，而在于排序方法。如果把这种方法用到工作中去，就可以最大限度地避免混乱的忙碌。以 A 为例，在面对任务清单的时候，其实可以换一种工作的方法。

1. 前一天晚上睡前，把第二天要做的任务看一遍，做到心中有数，定好闹铃。

2. 准时起床上班，先给各下属部门打电话，请他们把相关的材料通过电子邮件发过来，且告知上午有事不能接受询问，下午会给予答复，而后给客户打电话约定时间、地点，且将地点安排在同学预定酒楼的咖啡厅里，再给机场打电话，确定航班到达时间。

3. 给银行打电话，确认需要的相关手续和材料。

4. 打完电话后，抓紧写工作计划，排除一切工作干扰，争取 11 点前交给上司。

5. 中午 11 点前离开单位，拿上银行需要的一切资料。利用飞机晚点的半小时，到医院开花粉过敏症的药。从医院出来，到机场接机，和同学好好享受午餐时光，而后到旁边的咖啡店和客户谈事情。

6. 到银行办完手续后，回单位将上午各下属部门的事务处理完毕。17：50，到洗手间补一下妆，准备下班约会吃晚餐。

同样的工作任务，换一种方式来做，就能把焦头烂额变成从容应对，还能给自己留出不少的休闲时间。所以说，工作时要依据任务的规律、性质和事务之间的联系进行科学排序，切忌胡子眉毛一把抓，用最快、最好的办法来安排进程，才能保证工作与生活兼顾。

化繁为简是最实用的方法

一家杂志社曾经举办过一项有奖征答活动，高额的奖金吸引了大批的参与者，题目的内容很有意思：

一个热气球上，载着三位关系着人类命运的科学家。第一位是粮食专家，他能在不毛之地甚至在外星球上，运用专业知识成功地种植粮食作物，使人类彻底摆脱饥荒；第二位是医学专家，他的研究可拯救无数的人们，使人类彻底摆脱诸如癌症、艾滋病之类绝症的困扰；第三位是核物理学家，他有能力防止全球性的核战争，使地球免于遭受毁灭的绝境。

由于载重量太大，热气球即将坠毁，必须丢出去一个人以减轻重量，使其余的两人得以存活。请问，该丢出去哪一位科学家？

征答活动开始后，社会各界人士广泛参与，一度引起某电视台的关注。在收到的应答信中，每个人都绞尽脑汁，发挥自己丰富的想象力，阐述他们认为必须将哪位科学家丢出去的原因。那些给出高深莫测的妙论的人，并没有得到奖金，最终的获奖者是一个 14 岁的男孩。

他给出的答案是：把最胖的那位科学家丢出去！

这个故事告诉我们，很多事情其实很简单，只是我们把它想得太复杂了。这也很容易解释，长期以来，我们接受的普通教育和大多数训练都指导我们把握每一个可变因素，找出每一个应对方案，分析问题的角度应尽可能多样化。久而久之，我们就习惯了一种定式思维：最复杂的就是最好的。复杂化的问题从小就开始伴随着我们，成为我们生活和工作的一部分。

可很多时候，我们也会看到一些"特别"的人，他们做事又快又好、效率很高，似乎毫不费力就能把工作完成，根本无须加班，也不会忙得废寝忘食，从来都是轻松愉悦的。其实，这里面的秘密就是，他们懂得用脑子把问题化繁为简。

美国的唐纳德在《提高生产率》一书中，曾经提到过提高效率的"三原则"：为了提高效率，每做一件事情时，应该先问三个"能不能"：能不能取消它？能不能把它与别的事情合并起来做？能不能用更简便的方法来取代它？

一家有名的日用品公司，换了一条非常先进的包装流水线，但不久后就收到了很多客户的投诉，他们抱怨自己买的香皂盒是空的，根本没有香皂。

这件事情立刻引起了公司的重视，老板亲自召开会议，要求大家集思广益解决这个问题。

有人说，加强人工检查，把每一个装完的盒子拿起来，试一下重量。但经过实验，发现这种方法效率太低，且无法保证所有的盒子都装了香皂，公司还要花费部分人工成本。后来，他们请来一个由自动化、机械、机电一体化等专业的博士组成的专业小组来帮忙解决问题。专业小组的效率很高，用了很短的时间开发出了全自动的 X 光透射检查线设备，透射检查所有的装配线尽头等待装箱的香皂盒，如果有空的就用机械臂取走。

问题解决了，大部分的空香皂盒都被取了出来，可是公司在邀请专业小组和装备新检查设备方面却花费了高额的成本。

另一家生产日用品的小公司，在引进了这套包装流水线后，也遇到了同样的问题。老板吩咐流水线上的工人，务必想出一个解决策略来。有一个工人很快就想到了办法，他向公司申请买了一个有强大风力的电扇，把它放在装配线上去吹每一个肥皂盒，如果肥皂盒是空的，就会被吹走，这种方法既简单又有效。

同样的问题，一个花费了高额的成本、大量的人工，另一个却只用一台简单的风扇就把问题解决了。前者动用了知识渊博的专业人士，后者就是一个普通的工人想出的点子。这就印证了美国通用电气公司前 CEO 杰克·韦尔奇说的话："你简直无法想象让人们变得简单是一件多么困难的事，他们恐惧简单，唯恐一旦自己变得简单就会被人说成是头脑简单。而现实生活中，事实正相反，那些思路清楚、做事高效的人们正是最懂得简单的人。"

美国太空总署发现，在太空失重的状态下，航天员无法用墨水笔写字。于是，他们花了大量经费，研究出了一种可以在失重状态下写字的太空笔。对于这个问题，俄罗斯人的解决办法就简单了，他们选择用铅笔。

看，这就是化繁为简，多么简单的办法，却又多么行之有效。我们总是习惯性地把问题复杂化，以为事情总在朝着复杂的方向发展，但实际上，复杂会造成浪费，而效能则来自简单。我们做过的事情中，很有可能绝大部分都是没有意义的，真正有效的活动就只是其中的一小部分，而它通常隐含于繁杂的事物中。因此，我们在做事情的时候，也应当注意从简单的地方入手，找到关键部分，去掉多余的活动，利用简单的手段解决复杂的问题。

曾任苹果电脑公司总裁的约翰·斯卡利说过，"未来属于简单思考的人"。简化问题，避免冗繁是我们提高工作效率的重要途径。无论我们做什么事，最简单的方法就是最好的方法。追求简单，事情就会变得越来越容易。反之，任何事都会对我们产生威胁，让我们感到棘手，精力与热情也跟着下降。化繁为简，可以让工作变得可行，帮我们逃离忙碌的苦海深渊，轻松完成任务。

第四章

方法总比问题多

> 问题无处不在、无时不有，关键在于敢不敢于正视问题，能否时刻保持头脑清醒，对存在的问题不掩盖、不回避、不推脱。任何借口都是推卸责任，在责任和借口之间，选择责任还是选择借口，体现着工作的态度，也决定着势态发展的结局。

失败就是失败，不要去找"挡箭牌"

很多人在做不好事情、完不成任务时，习惯找借口去敷衍别人、原谅自己，把它视为一个合情合理的"挡箭牌"，花费大量的时间和精力去琢磨怎样逃避责任，而不敢坦然地承认自己的失败。

其实，这种做法只能在短时间内让自己甩掉包袱和担子，获得心理平衡，却由此养成疏于努力、不想办法争取成功的心态，渐渐地失去工作热情和危机意识，最终丧失竞争力，沦为平庸者或是被淘汰者。

曾有人问：世上的军校那么多，为什么西点军校久负盛名且人才辈出？

原因是多方面的，但有一点最为关键，那就是西点军校向来把"没有借口"作为学院最基本的行为准则。看似只是简简单单的四个字，可它背后隐含的却是一种超强的责任心、事业心、荣誉感和纪律意识，容纳了服从、诚实、主动、敬业和自信。

巴顿将军在他的战争回忆录《我所知道的战争》中，描述过这样一个细节：

"我要提拔人时常常把所有的候选人排到一起，给他们提一个我想要他们解决的问题。我说：'伙计们，我要在仓库后面挖一条战壕，8英尺（约2.4米）长，3英尺（约0.9米）宽，6英寸（约15厘米）深。'我就告诉他们那么多。那是一个有窗户或有大节孔的仓库。候选人正在检查工具时，我走进仓库，通过窗户或节孔观察他们。我看到伙计们把锹和镐都放到仓库后面的地上。他们休息几分钟后开始议论我为什么要他们挖这么浅的战壕。他们有的说6英寸深还不够当火炮掩体。其他人争论说，这样的战壕太热或太冷。如果伙计们是军官，他们会抱怨他们不该干挖战壕这么普通的体力劳动。最后，有个伙计对别人下命令：'让我们把战壕挖好后离开这里吧。那个老畜生想用战壕干什么都没关系。'"最后，巴顿将军写道："那个伙计得到了提拔。我必须挑选不找任何借口完成任务的人。"

无独有偶。毕业于西点军校的格兰特将军，带领军队赢得了美国内战的胜利，此后很多人都开始研究格兰特制胜的原因。在格兰特将军成为美国总统后，有一次他到西点军校视察，一名学生很恭敬地对他说：

"总统先生，请问西点军校授予您什么精神使您义无反顾、勇往直前？"

"没有任何借口。"格兰特回答得铿锵有力、掷地有声。

"如果您在战争中打了败仗，必须为自己的失败找一个借口时，您会怎么做？"

"我唯一的借口就是：没有任何借口。"

看到这里，我们定会发现成功者的一些共性，那就是无条件地、全力以赴地执行，哪怕是失败了，也不会给自己找任何借口，为自己的懦弱和懒惰开脱，而是努力去弥补自己的弱点，努力扭转局面。

乔治·华盛顿·卡佛说："99%的人之所以做事失败，是因为他们有找借口的恶习。"

一个员工养成了找借口的习惯，工作就会拖拖拉拉、效率低下，做事总想着偷奸耍滑、敷衍了事。在面对任务的时候，他们不可能有破釜沉舟的勇气和决心，遇到障碍就会退缩，难成大器，也难有成功的人生。

一位普通流水线工人，因对销售感兴趣，就主动申请要加入公司的营销部。经过各项测试后，公司管理层发现他确实具备从事营销工作的潜质，就同意了他的申请。当时，公司面临着很多待开发市场，但人力和财力方面都有所欠缺，结果他刚到了营销部，就被安排只身一人到西部出差，开发市场。

在陌生的城市里，他一个人都不认识，吃住也成问题。可在困难面前，他没有任何退缩的念头。没有钱坐车就步行，一家一家单位去拜访，向他们推荐公司的产品，有时会为了约见一个客户而无暇吃饭。

他租住的是一个闲置的车库，只有一扇卷帘门，且没有电灯。晚上门一关，就什么都看不见了，只能听见老鼠窜动乱跑的声音。那个城市春天经常有沙尘暴，夏天会有冰雹，而冬天总是下雨，这样的气候对他来说是一个严峻的考验。有一次，他在回来的路上刚好赶上冰雹，险些被砸坏。

公司的艰难条件超出了他的想象，有一段时间，连产品宣传资料都供不上，他只好自己买复印纸，用手写宣传材料。好在，他能写一手漂亮的字，手写的宣传单也成了一种艺术品。在这样的条件下，若说他一点儿放弃的念头都没有，那是不可能的，尤其是在吃了闭门羹、经受挫败的时候。可他懂得劝慰自己：凡事都会有解决方法的，困难只是一时的，不能放弃。

一年后，派往各地的营销人员都回到公司。其实，有60%的人员不堪工作环境的艰辛早就悄无声息地"走人"了，剩下的几个人里，他的业绩是最好的。他为公司拓展了一个全新的市场，公司当即决定任命他为项目经理。

任何借口都是推卸责任，选择责任还是借口，直接体现了一个人的工作态度和工作效能。其实，遇到困难和挫败的时候，有一个基本原则永远适用，那就是：只为成功找方法，不为失败找借口！

只要肯做，没有什么不可能

工作中最大的障碍是什么？

有人说，是碰见一个不明是非、嫉贤妒能的昏庸上司；也有人说，是遇见虎视眈眈、处处盯着你的对手。毋庸置疑，这些问题必然会给工作带来些许的麻烦，但绝非最根本的。人生最大的障碍，不是外在的环境和人，而是自己！在面对高难度的工作时，推诿求安，从心里给自己判了"不可能"的结局。

一位管理者在描述自己心目中最理想的员工时，如是说道："我们所急需的人才，是有奋斗进取精神，勇于向'不可能完成'的工作挑战的人。"不知道你有没有注意到，他用了"急需"一词，这说明什么呢？现代社会中谨小慎微、安于现状、畏惧挑战的人太多了，而敢于向"不可能挑战"的人屈指可数，十分难求。

思想决定命运，这句话是有道理的。当一个人的内心缺乏勇气，只想做谨慎的"安全专家"时，遇到困难他就会选择躲，找借口逃避。在他的思想安全岛上，一直觉得要保住工作就得保住熟悉的一切，去接受有难度的事情，很可能会撞南墙、栽跟头。他们就在舒适区里待着，靠借口来维系安全感，结果终其一生，都在平庸的圈子里踏步。

事实上，很多"不可能"只是看上去棘手，但只要下定决心去做，没有什么不可能。

福特汽车公司的创始人亨利·福特，在决意生产 V-8 型引擎时，遭到了周围很多人的质疑，就连底特律最杰出的工程师都认为，要将 8 只气缸铸成一个整体，根本是不可能的事。但亨利·福特下定决心，无论如何也要生产这种引擎，他对一筹莫展的工程师们说："只要去做，没有什么是不可能的。"

一年的时间里，工程师们几乎尝试了所有的办法，就是无法攻破技术难关。他们找到福特，再次强调这件事不可能实现，可福特依然不信，命令工程师们继续做这个项目。终于，奇迹出现了，他们找到了突破口，设计出了 V-8 型引擎。

许多看似"不可能"完成的事情，不过是被人为地"夸大"了。当你真的静下心来去分析、琢磨、梳理，把它"普通化"之后，往往就能想出有效的解决办法。多少在事业上有所建树的人，都是秉持挑战"不可能"的原则，不断打破藩篱，脱颖而出。

1921 年，美国百万富翁哈默做了一个惊人的决定，要去开发苏联市场。当他把这个想法说出来时，他的家人都被吓了一跳，认为他异想天开。在美国人看来，当时去苏联就好比去月球探险，根本不可能。可是，哈默跳出了"不可能"的圈子，几番努力后，他拿到了成功的"钥匙"。

自那以后，哈默一直跟苏联有业务往来。到他 70 多岁时，与苏联签订了一项长达20年的80亿美元的肥料协定；1974年，这笔交易又增加到200亿美元，包括利用西伯利亚的天然气和石油。哈默能够得到这块巨大的蛋糕，全凭当年敢向"不可能"挑战的勇气。

无独有偶。以前的电脑都体积庞大，唯有政府和组织才用，比尔·盖茨从中发现了电脑的未来市场，以及未来电脑市场的趋势。他觉得，将来的电脑市场应该是每个人的办公桌上、每个家庭甚至每个人手里，都可以拥有一台微型电脑。于是，他开始朝着这个目标努力。

听到他的想法时，很多人都嘲笑他、打击他，说他是一个不知死活的疯子。比尔·盖茨不管别人怎么看，一心朝着自己的目标努力。最终，他成功了，堵住了所有嘲笑过他的口舌，连续13年稳坐世界首富的宝座。

很多事情不是因为难以做到，而是我们缺乏信心，才以不可能来禁锢自己。即便真的遇到了瓶颈，也应该这样告诉自己：不是不可能，是暂时还没有找到解决的办法。精彩的人生，永远都是与风险和艰难并存的，那些所谓的不可能，只是下的功夫还不够深而已。不敢向高难度的工作挑战，是对自己潜能画地为牢。

S是一名刚入行的建筑设计师。有一次，老板安排她为一名大客户做一个可行性设计方案，任务紧迫，只有3天时间。她一听就犯了嘀咕：3天？根本不可能！还没有人能在这么短的时间内完成这样的大工程。她向老板解释了很多理由，要求放宽时间，但老板很想获得这单生意，听不进解释，执意3天后要结果。无奈之下，S只好拒绝了这项任务。

情急之下，老板花费高价把这项任务外包给了另外一家设计公司。接手项目的是一位资深的设计师，虽然他也觉得有些棘手，可还是决定接受挑战。他在第一时间看完现场后，就开始着手工作，夜以继日地查资料，向有经验的人请教。其间，也有同事劝他别那么拼命，差不多就行了，这么短的时间做出方案本来就是一个苛刻的要求。他只是笑笑，依旧拼尽全力去做。3天后，他提交了一份颇具创意的设计方案。

当老板把这份方案摆在S面前时，S很羞愧。老板语重心长地说："这只是一次考验，但我不太满意。你是新人，3天的时间可能做不出这样的方案，可你连尝试的勇气都没有，甚至不愿意去努力，这才是最令人失望的。"

看过前辈做的那份方案后，S做了认真的思考。其实，按照她的能力和悟性来说，也许做不到这么完善，但也并非做不出来。好在老板为人宽厚，没有直接把自己辞退，这件事情给S上了一堂深刻的职场课："不可能"完成的工作，之所以"不可能"，很大程度上是因为自己被它的表象吓倒了，而非不具备完成它的能力。

现实就是这样，一个懦弱胆怯的员工，是永远不可能赢得上司垂青的。如果你羡慕别人平步青云，那你一定要知道，他们的成功不是偶然，一定是在组织最需要、最艰难的时候挺身而出。正是这种奋力进取的精神，让他们和事事求安稳的弱者拉开了距离。

退一步说，就算挑战失败了，没有完成既定的任务，也没什么大不了。成熟的上司看重的不只是结果，他更在意的是你有没有挑战的精神和勤于思考的作风。他比任何人都清楚，没有一种挑战对应着必然的成功，但只要员工有担当的勇气，那就是值得信任和培养的。而你在尝试和挑战的过程中所经历的、体验的、得到的，是那些观望者们永远都无法得到的，这些都是你走向成功的资本。

记得爱默生说过，当他读到下面这句话时，他的人生随之改变了——如果你想要获得成功的话，那么做你害怕的事情，做你本以为不可能的事情，并将这作为你的人生习惯——"去做事吧，你将会拥有一股神奇的力量。"

借口是给自己留的退路

1830 年，法国作家雨果和出版商签订合同，半年内交出一部作品。而后，雨果把外出的所有衣服都锁进了柜子里，把钥匙扔进了湖里，彻底断绝了外出会友和游玩的念头，专心写作，于是就有了《巴黎圣母院》这本文学巨著。

同样，古希腊著名演说家戴摩西尼，年轻时为了提高自己的演讲能力，躲在一个地下室里练习口才。因为耐不住寂寞，他时不时地就想跑出去溜达，心总是静不下来，练习的效果不太理想。无奈之下，他一狠心，把自己的头发剪掉了一半，变成了一个怪模怪样的"阴阳头"。这样一来，他没法不顾形象地去见人，就打消了出去玩的念头，专心地练口才。连续几个月不出门，戴摩西尼的演讲水平突飞猛进。在这样的勤学苦练下，他成了世界闻名的演说家。

雨果也好，戴摩西尼也罢，他们究竟在做什么？是真的跟自己过不去，才会用如此极端的方式来强迫自己吗？记得成功学大师拿破仑·希尔在《思考致富》中，曾经提出过这样一个理念：过桥抽板。请注意，这不是教导我们过河拆桥、忘恩负义，而是提醒我们：在做一件不是可以轻易完成的事情时，最好切断退路，让自己退无可退，这样才能调动所有的激情、释放所有的潜能，义无反顾。

这些有所作为的大师们，其实就是不想给自己留退路，逼着自己死心塌地地做好自己正在做的事，完成预期的目标。很多时候，退路是另一种逃避，有退路的时候，往往潜藏着懈怠和自我安慰。对待工作，所有的做不到和完不成的借口，往往都是给自己留的退路。如此，就能给自己的惰性、欲望、恐惧找到合理的解释，给自己没有拼尽全力去想办法找一个台阶，借口听起来总是那么合情合理，但前途和出路却也在借口中被掩埋了。

美国卡托尔公司的新员工录用通知单上，印着这样一句话："最优秀的员工是像恺撒一样拒绝任何借口的英雄。"为什么说像恺撒一样呢？这里是有典故的。

有一次，恺撒率领他的军队渡海作战，登岸之后，他决定不给自己的军队留任何的退路，就下令烧毁所有的船只。他向全体战士训话，明确地告诉他们：战船已经烧毁，所以大伙儿只有两种选择。一是勉强应战，如果打不过勇猛的敌人，后退无路，就只能被赶入海中喂鱼；另一条路是忽视武器和补给的不足，奋勇向前，攻下该岛，则人人皆有活命的机会。

眼见着船只烧为灰烬，战士们都明白了，这场战役是生死之战，除了胜利，没有任何的退路！在这样的情形下，战士们被激发出所有的潜能，内心不存在丝毫的侥幸，也不再幻想着有路可退，最终赢得了胜利。

没有任何事情是可以不费力就能做成的，想要借口自然就能找到，但要拒绝借口却不那么容易。只有在一切后退的希望都消失了的时候，才能像恺撒和他的将士们那样，用一种决死的精神去拼战。

K原本是一个很不起眼的大学毕业生，没什么特长，样貌也很一般。毕业前夕，班里其他同学都找到了工作，唯独K还在寻觅落脚点。后来，同学听说他去了一个酒店工作，再往后就渐渐断了联系。

毕业十年后，昔日的同学再聚首，大家惊奇地发现，K已经是一家酒店的老板了，年薪几十万元。当然同学不乏有人美慕，但更多的是好奇：原来班里最不起眼的人，怎么一下子飞黄腾达了呢？他是怎么做到的呢？

有几个急性子的同学，非要K讲一讲这些年的经历。K丝毫不忌讳，说起了自己艰辛的过往："大学毕业了，我四处找工作，没有一家单位要我，连面试的电话都很少。那会儿真觉得天要塌了。后来，我手里一分钱都没了，吃饭也成了问题。不怕大家笑话，我那时最大的梦想就是吃一顿饱饭。然后，我就想了一个办法，带着学历证书，去了一个大酒店。"

大家屏住呼吸，想听听K是怎么突破困境的。"在那个酒店里，我叫了几个最便宜的小菜，可是全部加起来也要一百多块钱。我狼吞虎咽地吃完了，那是我那些天吃得最饱的一顿饭，但我身上一分钱都没有！吃完饭，我只有冒险一拼了，让服务员把大堂经理叫来，我告诉他自己没有钱，要么把我打一顿，要么把我留下来做工，只要管吃住就行。说完，我把自己的大学毕业证拿了出来。其实，我来这家酒店之前就知道他们在招人。大堂经理看了我的毕业证，觉得我也不像骗吃骗喝的，就留下了我。就这样，我找到了自己的第一份工作。"

听到这里时，大家都很感叹，有人问K："那你后来怎么又自己创业了呢？"K说："在那个酒店里，前3个月是没有工资的，但后来经理给我发了工资，我就在那边干了3年，自己也坐到了经理的位子，开始接触管理方面的事务，也积累了一些资金。后来，我就辞职自己开了一个小酒店。所以，我到现在特别相信，这世界上根本没有什么退路，最好的退路就是无路可退。如果那时候我还有一点儿办法，我都不会冒着被人打一顿的风险去找工作。"

那次聚会，K让很多同学都感慨了。毕业十年，有人能自己创业做老板，有人却还在寻觅方向，差别就在于，前者无路可退，后者却一直给自己找借口。很多人做事有先天优势，但未必会成功；有些人先天不足，却也未必一事无成。真到了退无可退的境地，每个人都有潜能去为自己找寻一条出路，只是多数人都不舍得把自己逼到那个境地罢了。

破釜沉舟的军队，才能决战制胜；不留退路的人，才能勇往直前。想翻过一道墙的时候，记得先把帽子扔过去，下定了决心，没有了退路，你就会发挥出韧性与潜力，全身心地专注于目标，想方设法去实现它！

多去想如何，少去想如果

你会不会经常把这样的话挂在嘴边——

"如果当初去另外一家单位就好了，那边的薪资待遇比这里强多了！"

"如果没接手这个项目，现在就不用加班熬夜了。"

"如果我有一个通情达理的上司就好了，省得天天挨批。"

"如果……"

跳出工作的范围，我们还可能说出更多类似的"愿望"，恨不得重新活一回，一切都从头再来。可惜，这不过是一种无可奈何的叹息和不切实际的空想。总是沉浸在这样的幻想里，不会让现状有丝毫的改变，只会让人的意志更消沉，让问题积压得更多，变得更复杂。

美国有一位成功的推销大师，他在给学员做培训时，总是提出这样的忠告："做一个只想'如何'的人，不要做一个只想'如果'的人。"

"如何"与"如果"，看似不过一字之差，实则有天壤之别。

他解释说："想'如果'的人，只是难过地追悔一个困难或一次挫折，悔恨地对自己说：'如果我没有做这或那……如果当时的环境不一样的话……如果别人不这样不公平地对待我的话……'就这样从一个不妥当的解释或推理转到另一个，一圈又一圈地打转，终是于事无补。不幸的是，世上有不少这样只想'如果'的失败的人。

"考虑'如何'的人在麻烦甚至灾难来临时，不浪费精力于追悔过去，他总是立刻找寻最佳的解决办法，因为他知道总会有办法的。他问自己：'我如何能利用这次挫折而有所创造？我如何能从这种状况中得出些好结果来？我如何能再从头干起，重整旗鼓？'他不想'如果'，而只考虑'如何'。这就是我们教给推销员的成功程式。"

第二次世界大战期间，一艘美国驱逐舰停泊在某国的港湾。那天晚上，明月高照，非常安静。一名士兵在值班巡视全舰时，突然停住了脚步，他看到了一个乌黑的大东西在不远处的海面上浮动着。敏锐的他立刻意识到，这是一枚触发水雷，有可能是从某处雷区脱离出来的，正在随着退潮慢慢地朝舰身中央漂来。

他连忙拿起舰舱内的通信电话机，告诉值日官。值日官快步赶来，并通知了舰长，发出全舰戒备信号，所有官兵都动员了起来。大家愕然地注视着那枚慢慢漂近的水雷，大家都了解眼前的状况，知道灾难即将来临。

这个时候，舰长和其他军官立刻开始筹划解决办法：

第一，立刻起锚走？不行，时间不够了！

第二，发动引擎让水雷漂离开？不行，螺旋桨的转动会让水雷更快地漂过来。

第三，以枪炮引发水雷？不行，那枚水雷离舰艇太近了。

第四，放下一只小艇，用长杆把水雷携走？不行，那是一枚触发水雷，况且根本没有时间去拆下水雷的雷管。

想了这么多办法，看起来这场灾难是不可避免了，真的就要坐以待毙了？就在这个时候，一个士兵突然灵光一现，说："把消防水管拿来，用水把水雷排到远处。"大家恍然大悟，赶紧抬来消防水管，朝着舰艇和水雷之间的海面喷水，制造一条水流，把水雷带向远方，接着又用舰炮引爆了水雷。

一场危机就这样被化解了。整个过程中，没有人说过"如果"二字，所有人都在想"如何"解决问题。事实证明，每个人都有成为"英雄"的潜能，都可以找到办法巧妙地处理掉麻烦，就如那名普通的水兵，在危难面前的表现丝毫不比军官逊色。

真正优秀的人从不会让思想和脚步停留在过去，幻想着一个又一个的"如果"，他们会选择承担，积极地思考，想着"如何"解决难题，摆脱眼下的窘境。这是一种负责的、敬业的工作精神，也是一种主动的、有活力的工作态度，更是一种全力以赴的执行能力。

提到工作，有人总说："如果我再年轻一点儿，我肯定会尝试去新的领域发展。"

年龄真的是门槛吗？曾经，一个65岁的老人创办了一家餐厅，结果他把炸鸡卖到了全世界，这个老人就是哈兰·山德士，他的餐厅就是肯德基；英特尔公司的总裁贝瑞特，也不是年纪轻轻就荣登这个高管的位子的，他接管公司的时候已经60岁了；还有里根，到了73岁时依然在参加总统竞选。对有心想做成一件事的人来说，任何时候开始都不算太晚。

提到发展，有人又说："如果我学历高点儿，也就不用像现在这样做着基础的工作了。"

学历真的是阻碍么？一位大学生中途辍学，没有拿到文凭，可他选择了自己喜欢的领域，用心钻研，然后创立了微软帝国，他就是比尔·盖茨；还有一个出身贫穷的人，从小没上过学，到了15岁那年才花了40美元在福尔索姆商业学院克利夫兰分校就读三个月，这是他一生中接受的唯一一次正规的商业培训，但这并未阻挡他拥有一片大好的前程。这个穷孩子，在多年后成了有名的石油大亨，他的名字叫洛克菲勒。

更有甚者，把眼下不顺利的境遇归咎于没有一个好的出身，抱怨说："如果我生在一个条件好的家庭，现在的情况肯定不一样。"

出身真的能决定一切么？看看张朝阳、刘永好，他们中有几个是靠继承祖辈的产业成功的？多少优秀的人，都是靠着日积月累的努力，一点点成就了自己，用家庭出身的好坏作为衡量能否成功的标杆，不过是一种无能的逃避。

"如果"二字，其实就是借口的化身，它是一个无底洞，会吞噬人积极的心态和行为。借口会让人忘记责任，忘记上进，变得毫无斗志、胆小怯懦，把时间浪费在不断重复"如果"上，倒不如多想想"如何"去提升自己、改变现状。丢掉"如果"，多想"如何"，是每一个员工都当具备的素质。

相信一件事可行，总会有办法

当一件事情成功的概率很低的时候，当与我们条件相似的人都没有完成这项任务的时候，周围的人乃至我们自己，往往都会认为这件事是不可能做到的。是不是真的没有可能呢？是不是在这样的情境下，所有的努力都是白费呢？

拿破仑·希尔曾经在 PMA 成功之道训练班上，问过学员一个问题："有多少人觉得，我们可以在 30 年内废除所有的监狱？"

起初，大家都以为拿破仑·希尔在开玩笑，确信他是一本正经地要大家思考这个问题时，立刻就有人提出了反驳："你的意思是说，要把那些杀人犯、抢劫犯和强奸犯们通通放出来吗？你知道这会造成什么样的结果吗？那样的话，我们的生活会变得一团糟，谁都别想过安宁的日子了。不管怎么样，一定要有监狱。"

"对，监狱是必须有的，否则社会秩序会被破坏！"

"有些人生来就是坏坯子。"

"如果有可能，我们还需要更多的监狱。"

一时间众说纷纭，所有的声音都是在强调设立监狱的必要性，没有人相信废除监狱这个建议是可行的。听到这里，拿破仑·希尔说："你们说了各种不能废除的理由。现在，我们来试着相信，监狱是可以废除的，若真如此的话，我们该如何着手做这件事？"

学员们虽然有些不情愿接受这个假设，但还是把它当成了试验，开始认真地思考策略。过了一会儿，有人犹豫地说："成立更多的青年活动中心可以减少犯罪事件的发生。"

"要减少贫富差距，大多数的犯罪都源于低收入。"

"借助手术来治疗某些罪犯。"

"要能辨别、疏导有犯罪倾向的人。"

"……"

答案渐渐多了起来，即便是在 10 分钟前坚持反对意见的人，也开始参与到讨论中。拿破仑·希尔告诉学员："如果认为废除监狱是不可能的，那自然就会为它寻找借口；如果认为废除监狱是可行的，我们一样能够提出 18 种构想。"

显然，借口是解决问题的障碍。当你确信一件事不可能做到的时候，你的大脑就会为你提供各种做不到的借口；可当你认定了它一定可行的时候，你也会积极地想出可以实现它的方法。这就是我们常说的，成功的大门只会对敲门的人敞开。

在过去的很多年里，人们一直坚信：人类无法在 4 分钟内跑完 1 英里！这种观念盛行许久，以至于后来演变成了众所周知的 "4 分钟障碍"。不只是常人，就连那些知名的运动员和生物学家也确信，4 分钟跑完 1 英里是超越人类身体和心理的极限的。

当所有人都相信这一认知时，有一个人却犹如惊雷般地突破了 4 分钟的极限，用了 3 分 59 秒 4 创造了奇迹。这个打破 "魔咒" 的人，就是牛津大学医学院的学生罗杰·班尼斯特，在做这件事之前，他曾对自己说："经过了心怀信念的训练，我将克服所有的障碍。"

美国著名小说家普格拉曼，没有接受过专业系统的训练，甚至连高中都没有读完。可即便如此，他还是写出了令人震撼的长篇小说，并获得殊荣。有记者问他："你事业成功的关键转折点是什么？"大家都以为他会说是儿时母亲的教育，是少年时老师的引导，可是所有人都猜错了，他说："是'二战'期间在海军服役的那段生活。

"1944年8月的一个深夜，我受了重伤。舰长命令一位海军下士驾驶一艘小船连夜护送我上岸治疗。很糟糕，小船在那不勒斯海迷失了方向，掌舵的下士惊慌失措，深感绝望，想拔枪自杀。因为，那时我们已经在黑暗的海上漂了4个多小时，而我的伤口还在不停地淌血……我劝他不要开枪，要有耐心。尽管嘴上说得很坚定，但我心里并不是那么自信。

"你可能不会相信，奇迹就发生在这个时候！我的话还没说完，前方岸上射向敌机的高射炮的爆炸火光就亮了起来。我们惊喜地发现，小船距离码头还不到三海里！这戏剧性的一幕深深印在了我心里，它让我明白：生活中许多事被认为不可更改、不可逆转、不可实现，其实多数时候只是我们的错觉，正是这些'不可能'把我们的生命'困'住了。

"'二战'结束后，我立志要成为一个作家，但这条路走得并不顺畅。开始的时候，我接到了无数次的退稿，熟悉的人都说我没有这方面的天赋。可是，当我想要放弃的时候，我就想起了那戏剧性的一晚，并再次鼓起勇气，去突破生活中各种各样的困局，直到成为现在的自己。"

许多事情的"不可行"和"难以做到",并不是真的无法实现,而是我们自以为不可能。总在用"不可能"给自己制造放弃尝试的借口,让自己去相信任何努力都不起作用,无声无息地压制着自己的潜能。当心里彻底坚信了这一认知时,人们自然就不会再为之努力和争取,结果就会朝着所想的方向发展。这,就是我们内心的一座监狱,它叫作自我否定。

没有难以创造的业绩,也没有解决不了的问题,只有不敢挑战困难和问题的员工。所谓的"困难",其实都只是被"难"困住了心而已。当我们面对一件事的时候,告诉自己一定能做到,一定能做好,摆脱了"做不到"的障碍,事情也就不难了。

一心渴望成功、追求成功,成功却了无踪影;
甘于平淡,认真做好每一个细节,成功却不期而至

尽力远远不够,要全力以赴

在遇到难事的时候,很多人都会强调自己已经尽力了,但其实这种"尽

力"可能都是假象。换句话说，就是在面对困境的时候，多数人并没有尽最大的力量，没有把自己逼到"非……不可"的境地，所谓的"竭尽全力"不过是假想的"我已尽力"，这句话背后隐藏的心理，实则是给不愿意接受挑战找一个借口。

西点军校的人对于卓越的表现有自己的定义，且会积极地朝着这个标准看齐。无论是对抗训练、参加球赛、考试还是打扫卫生，学员遇到教官的时候，教官都会习惯性地问：你竭尽全力了吗？之所以这样问，是因为西点不希望学员养成敷衍、得过且过的习惯，强调做事就得全力以赴。

美国前总统卡特，回忆自己在海军服役的一次经历时，感慨良多。

当时，他申请参与核动力潜艇计划，负责这个计划的是海军上将海曼·里科弗，军中所有人都知道他是一个严苛的人，对学员要求极高。想参与这个计划，卡特的首要任务就是亲自跟上将面谈。

卡特曾经目睹过很多从上将办公室走出来的申请者，个个面带恐惧，俨然是被吓倒了。可要想获得批准，这一关是必须要过的。在跟上将谈话的过程中，将军让卡特自由发挥，且挑他熟悉的话题谈。然而，将军的问题却问得越来越刁钻，很多都是卡特一知半解的。

面谈即将结束的时候，将军问他："你在军校里的成绩怎么样？"

卡特骄傲地说："在820名同学中排名第59。"

他以为将军会将赞赏他，没想到将军却说："为什么你不是第1名呢？看来你并没有全力以赴。"卡特原本想解释说："不，我尽了全力。"可他想了想，自己在联邦、敌人、武器和战略等方面，确实还有提升的空间。

最后，他对将军说："是的，我不是一直都如此全力以赴。"

与上将的这一次谈话，多年后依然令卡特记忆犹新，它影响了他后来的人生。自那以后，卡特做任何事情都要求自己竭尽全力，最终他当上了美国总统。

可能有人会问：全力以赴到底是一种什么样的状态呢？

对士兵来说，全力以赴是"不管山头上有多少敌军火力，先把它攻下来再说"；对马拉松选手来说，全力以赴是"感觉用尽了所有的力气后，再多支撑十里路"；对拳击手来说，全力以赴是"从地上一再爬起来，爬起来的次数总比被击倒的次数多一次"；对职场人来说，全力以赴就是"自动自发，竭尽一切努力，让周围的所有人都看到自己强大的执行力和满意的结果"。

每个人都有无限的潜力，只有狠狠地逼自己一把，才能知道自己到底有多优秀。如果每个人都能学会想尽一切办法，穷尽一切可能去努力，世上就不存在"天大的难题"。

在日本经济界有一个知名的人物，他就是被誉为"东芝之神"的土光敏夫。当年，土光敏夫在重新整顿东芝时，一度陷入了资金短缺的境地中。那会儿正是战后时期，想筹到资金非常困难。

一次，土光敏夫到一家最有希望能贷款给他们的银行申请贷款，可主管贷款的部长对他的态度很冷漠。经过土光敏夫的不断解释，对方的态度才稍微缓和一些，可对贷款之事却始终没有松口。到了最后的生死关头——如果两天之内资金再不到位的话，公司就必须全面停工，土光敏夫决定破釜沉舟，再次找到那位部长，无论如何也得让他点头答应。

他先让秘书给自己找了一个大包，在街上买了两盒盒饭放在里面，而后就去了银行。见到部长，土光敏夫开始软磨硬泡，希望对方给他贷款，可对方的态度依旧坚决。两个人展开了一场舌战，不知不觉就到了下午下班的时间。当营业部的下班铃声响起时，部长总算松了一口气，他想着自己总算可以回家了，终于摆脱这个难缠的家伙。

可就在他提起公文包准备回家时，土光敏夫就像变魔术一样，从包里拿出两盒盒饭，说："部长先生，我知道你工作很辛苦，可为了我们能够长谈，我特意准备了两份盒饭，希望你不要嫌弃这份寒酸的晚餐。等我们公司情况好转后，我再来感谢您这位大恩人。"

一时间，这个部长真的不知该如何面对土光敏夫了，他的勇气和坚持着实打动了部长，让他坚信像土光敏夫这样的人会有还贷的能力。最终，他批准了土光敏夫的贷款申请。

陷入内忧外患的境地，面对一而再再而三的拒绝，有多少人能像土光敏夫一样，不断地去努力和尝试？恐怕，很多人都会选择放弃，说自己无能为力了。可现实告诉我们，峰回路转永远都是在竭尽全力之后才出现的，我们有理由相信，如果带盒饭的那次谈话失败了，土光敏夫一定还会想办法再来。这就是卓越者与平庸者的不同，他们永远不会用"难"作为拒绝努力、说服自己的借口，只会不断地想办法挑战困难。

工作犹如填满一只桶，分四个层次：第一个层次是在里面放几个石块就满了；第二个层次是再填一些小石块，也满了；第三个层次是再放点细沙进去，变得更满；第四个层次是还可以放一点水。

粗枝大叶地放几个石头，其实是一种敷衍，为了完成工作而完成；放点小石头进去，虽然有些探索精神，但自我要求不高；装细沙进去可谓用心了，想把工作做得更好，但还有完善的余地；最后注入水才是全力以赴，为的不是给别人看，而是最大限度地把一件事做好。

习惯了用"尽力而为"做借口，往往会扼杀自己的潜能。在这个竞争激烈的时代，尽力而为是远远不够的，唯有全力以赴，才能摒弃所有的杂念，把事情做到最好。

不穷尽一切可能，绝不放弃

有些事情在执行时，往往会陷入"山穷水尽"的境地：方法都想了，都用了，却还是无能为力，完全进入了瓶颈中。在这样的状况下，到底是坚持还是放弃？ 80% 的人，此时会选择放弃，两手一摊，说自己真的没办法了，言外之意是在强调：这根本就是一个解不开的死结！不要再浪费时间了。

问题真的解决不了吗？

詹妮弗·帕克小姐是美国知名的女律师，她曾经被自己的同行，也是一位资深的律师马格雷先生愚弄过一次。不过，这次愚弄却让詹妮弗小姐名扬美国。事情的经过是这样的：

一位叫康妮的小姐被美国"全国汽车公司"制造的一辆卡车撞到，司机踩了刹车，卡车把康妮小姐卷入车下，导致她被迫截去了四肢，骨盆也被碾碎。康妮小姐说不清楚，自己到底是在冰上滑倒摔入车下，还是被卡车卷入车下的。马格雷先生抓住了这一点，巧妙利用各种证据，推翻了几名目击者的证词，康妮小姐因此败诉。

康妮小姐在绝望中想到了詹妮弗·帕克，并向她求援。詹妮弗通过调查，了解到该汽车公司的产品在近5年发生的15次车祸，原因完全相同，都是因为汽车的制动系统有问题，急刹车时汽车后部会打转，把受害者卷入车底。

詹妮弗对马格雷说："卡车制动装置有问题，你却隐瞒了这个事实。我希望汽车公司拿出200万美元赔偿给那位姑娘，否则我们将会提出控告。"

马格雷老奸巨猾，回答说："好吧，不过我明天要去伦敦，一周后回来。到那时我们再具体商量一下，做出适当的安排。"

一周的时间过去了，马格雷却没有露面。詹妮弗感觉自己是被耍了，可又不知道自己究竟是怎么上当的。忽然，她注意到日历上的日期，才恍然大悟：诉讼时效已经到期了。詹妮弗非常生气，给马格雷打电话，对方在电话里得意地笑道："詹妮弗小姐，诉讼时效今天过期了，谁也不能控告我了。希望你下一次变得聪明些。"

詹妮弗气坏了，她问秘书："准备好这份案卷要多久？"

秘书说："要三四个小时。现在是下午一点钟，就算用最快的速度草拟文件，再找到一家律师事务所，由他们草拟出一份新文件，交到法院，也来不及了。"

詹妮弗在房间里急得团团转，嘴里不停地念叨："时间，该死的时间！"就在这时，她突然想到了一点："全国汽车公司"在美国各地都有分公司，可以把起诉地点往西边移一点啊！隔一个时区就差一个小时！夏威夷在西区，和纽约有5个小时的时差！对，就在夏威夷起诉!

詹妮弗就这样赢得了非常关键的几个小时,她以雄辩的事实和感人至深的语言,让陪审团的成员们全都落泪了。陪审团一致裁决:"全国汽车公司"赔偿康妮小姐600万美元!

世上只有想不通的人,没有走不通的路。洛克菲勒曾经告诫自己的职员:"请你们不要忘了思索,就像不要忘了吃饭一样。"同样,比尔·盖茨也说过:"一个出色的员工应该懂得,要想让客户再度选择你的商品,就应该去寻找一个让客户再度接受你的理由。任何产品遇到了你善于思索的大脑,都肯定有办法让它和微软的视窗一样行销天下的。"

我们在工作中都会遇到瓶颈,瓶颈之所以为瓶颈,就是因为通道狭窄,不那么容易突破。但不容易通过不代表没有解决的办法,只是我们暂时没有想到而已,在没有穷尽一切可能性之前,谁也没有资格说放弃,说无能为力。

北京长城饭店曾经发生过这样一件事:

一天,两位来自美国的顾客在长城饭店的大厅里声嘶力竭地朝导游发火。这位导游是个实习生,遇见如此棘手的事,有点不知所措,连忙向前台服务员范某求助。

范某问清状况后得知,这两位顾客是一对姐妹,结伴来中国旅行,出了首都机场到长城饭店后,发现妹妹身上的腰包不见了。腰包里有两人的护照、几张信用卡、订房证明、现金和钥匙等,如果找不到的话,两个人的旅行就无法继续了,损失重大。

范某一边安慰客人,一边详细询问腰包的颜色、大小。看两个姐妹很是疲倦,她破例先开了一间客房让两人进去休息,并让服务员送去了饮料。这样的服务和关怀，让两姐妹很是感激。而后，范某根据客人乘车的收据，拨通了出租汽车公司的电话，对方经过查找，并没有发现腰包。范某琢磨，腰包也许是丢在机场了。她连忙和机场有关部门联系，可找了一圈，依然没有找到。

最有可能的两个地方都问了，均没有消息，腰包看样子是找不到了。可范某不甘心，她一遍遍地回忆客人提供的线索。突然，她想起客人曾经说起，在出机场的时候，大门口的人很多，非常拥挤，很有可能腰包就是在那个时候被挤掉的。

很快，范某就拨通了长城饭店设在机场大厅接待台的电话。结果，那边传来消息，腰包被工作人员捡到交了上来。就这样，这对外国姐妹的腰包失而复得了。

拿破仑有句名言："最困难的时候，也就是离成功不远的时候。"但我们都知道，最困难的时候，也是最容易找借口不去争取和放弃的时候。这也就意味着，能够走到最后的、能品尝成功滋味的，只有极少数人。他们内心有一个信念：在穷尽一切可能性之前，绝不放弃尝试和努力。

所以，当你在工作中遇到了瓶颈，看似难以突破，甚至想放弃的时候，问问自己：是不是真的穷尽了所有的可能性？还有没有其他的可能？方法，往往都是在这个时候产生的。只要你不放弃，还肯去琢磨，看似不可能的事情，往往就会出现奇迹。

第五章

攻坚克难离不开行动

千里之行，始于足下。攻坚克难往往都不是一蹴而就的，好的结果只有在真正行动后才会出现。离成功最近的路就是脚下的路，一步一个脚印，从心动到行动，扎扎实实、稳稳当当，才有可能实现目标。

先有行动，而后有结果

古人云："坐而言，不如起而行。"道理浅显易懂，实践起来却极其不易。

很多年轻人都强调自己有理想、有抱负，渴望在职场上一展宏图，可惜的是，这些美好的蓝图都只停留在脑海中，并没有真的付诸行动。我们都知道，有些事情做了不一定有结果，但你不去做的话，肯定是没有结果的。结果，永远都只能从行动中获得。

大家肯定都了解一些物理常识：在一个标准大气压下，当水加热到100℃时才会沸腾，变成蕴藏巨大能量的水蒸气；如果加热到99℃，水只是滚烫，但不会沸腾，必须要再加热1℃，才能产生强大的蒸汽能源。

对，只要1℃，水就能够从液体变成气体，产生质的改变，爆发出巨大的力量。这说明什么呢？如果成功是100%的话，前面的所有准备——美好的蓝图、宏伟的目标、制订的计划、心理准备、技能学习、能力储备、金钱预算都是99%，而最后的1%就是行动。少了最后的行动，前面的所有准备都是镜中花、水中月，没有行动的准备是没有意义的。

有人会说，做事必须要准备妥当，这样能提高成功的概率。毋庸置疑，有备而来总是好的，怕就怕幻想着"万事俱备只欠东风"，此般情景往往是不存在的。万事万物都是变化的，计划永远赶不上变化，就算一切准备得天衣无缝，中途也可能会出岔子，只有行动起来，在行动中促进条件成熟，才是可行之道。

古罗马的一位哲学家说过："想要到达最高处，必须从最低处开始；想要实现目标，必须从行动开始。"在职场中，判断一个员工能否完成工作任务的重要标准之一，就是看他能否立刻投入行动中。只有立刻行动，一件一件地完成眼前的任务，才有可能比其他人更快、更好地实现目标。

> 某次成功学的讲座上，教授对学员说："想赚钱的请举手！"学员们都举起了手。
>
> 教授又说："想成为顶尖级人物的举手！"这回，大部分人不再举手了。
>
> 教授笑了笑，接着问："你们想成功想了多久？"
>
> 学员们异口同声地说："想了一辈子！"
>
> "为什么还没有实现呢？"教授问。
>
> "就是想想而已。"有人回答。
>
> "这就是你们没有成功的原因。心里有想法却不行动，不去做的话怎么可能成功呢？"

纸上谈兵是没有价值的，所有的想法只有配上行动才有意义。

> 有一名食品推销员，他很喜欢自己的工作，但也热衷于钓鱼和

打猎。周末休息时，他习惯带着鱼竿和猎枪到丛林深处，做自己喜欢的事，而后带着一身的疲惫回家。兴趣爱好让他的生活变得丰盈，但也给他带来了不少困扰，因为它们占据了大量的休息时间，影响到了他工作日的状态。有没有两全其美的办法呢？他心里一直在琢磨这件事。

有一天，他从外面回到公司，突然产生了一个奇怪的想法："我能不能在荒野之中开展业务呢？铁路公司的员工都住在铁路沿线，荒野里还散居着不少的猎人和矿工，这些都是潜在的客户啊！"这个想法让他兴奋不已，若真的能行，他既能在丛林里享受钓鱼和打猎的快乐，又能兼顾自己的工作，简直是一举两得。

紧接着，他就开始着手此计划，都没来得及跟家人说明情况，他就带着行李出发了。他觉得，这样的话可以避免被犹豫和拖延干扰，影响自己的决心，导致最终放弃这个完美的计划。直到第二天，他才告诉家人自己开始在郊外工作了。他的小儿子一直吵嚷着要找爸爸，这让他有点儿想回家，但很快他就打消了这个念头，并告诉自己："幸亏自己行动得早，不然肯定会因为舍不得家人而放弃了。"

之后，他开始沿着铁路工作。那些人对他的态度很友好，他的工作也进展得很顺利。渐渐地，他和郊外住的这些人成了朋友，建立了深厚的感情。平时，他会教他们一些生活中的小手艺，给他们讲讲外面世界中的传奇故事。为此，他经常会被那些猎人和矿工作为贵宾邀请到家中做客，而他推销的食品也大受欢迎。

在郊外工作三个月后，他重新回到了公司，随后的一年里，他因为这次特殊的行动创造出了百万美元的业绩，相较以前可谓有了质的飞跃。

一直以来，我们都在说"心想事成"这四个字。确实，这是一个美好的期望，有了想法才会有成功的可能，可若只把想法停在空想的阶段，而不落实到具体的行动中，想法终究是阳光下的泡沫。任何伟大的成就都不是突然获得的，都是一步一个脚印走出来的，从心动到行动，扎扎实实、稳稳当当。

经常会听到一些年轻人抱怨，说上司不赏识自己的才能，在单位里得不到重用。其实，是他们没有把才能付诸行动，在空想的环节上浪费了太多的时间。所谓的聪明人，不都是灵光一现闪出多么美妙的点子，更多的是他们善于行动，用行动去证明自身的价值，用行动去扭转坐冷板凳的现实，用行动去赢得上司的信任和改观。

千里之行，始于足下。无论什么样的结果，都只有在真正行动后才会出现。在面对一个全新的领域、一个高难度的项目时，请牢记一点：只有积极行动，有勇气去面对困难，努力去思考策略和方法的人，才有可能成为赢家。

优柔寡断终将一事无成

布里丹毛驴的故事，相信很多人都听过：在面对两堆数量、颜色都差不多的草料时，毛驴左右为难，反复挑选，始终不知道该吃哪堆草好。它就那样一直站在原地犹豫着，最后竟然被活活地饿死了。

这听上去很可笑是不是？可透过故事反观生活，很多人也会犯同样的错误，在面对上司安排的任务或是自主创业的时候，内心激情四射，想法非常好，可就是没有马上去干，总担心有这样那样的不足，结果把大量的时间和精力都浪费在了犹豫中，时间过去了，机会也错失了，空留下一堆遗憾。

约翰·戈达德在8岁生日那天，收到了祖父送的一份礼物：一幅被翻得卷了边的世界地图。从此，那张地图带给了他一个全新的世界，开拓了他的视野，为他插上了梦想的翅膀，开始了他传奇般的人生。

约翰·戈达德在望着那张地图的时候，萌生了很多的愿望：到尼罗河、亚马孙河和刚果河探险；驾驭大象、骆驼、鸵鸟和野马；读完莎士比亚、柏拉图和亚里士多德的著作；谱一首乐曲；拥有一项发明专利；给非洲的孩子筹集100万美元捐款；写一本书……总共有127项愿望，后来他把这些心愿都写在了自勉书《一生的志愿》里。

其实，这里面的很多心愿，绝大多数人都曾有过，但也不过是有过而已，没有几个人真正尝试实践它，总是在犹豫中观望，对未知的东西存在太多的恐惧。可是，约翰·戈达德不一样，他不愿意让梦想随着时间的流逝被搁浅，对自己想去的地方、想做的事情，他没有半点儿的犹豫，全部按照自己内心所想去规划行动。

44年过去了，书中的梦想一个接着一个地成为现实。约翰·戈达德实现了106个愿望，他也因此成了一位著名的探险家。

从天赋条件上来说，正常人之间的差别很细微，几乎没什么区别，可最终能抵达的高度、做出的成就，却有天壤之别。原因很简单，那些有所成就的人全都像约翰·戈达德一样，没有用想象去吓唬自己，也不会瞻前顾后，想做一件事就果断地去做；一事无成的人总是习惯犹豫徘徊，或是出于对自己的不自信而踌躇不前，或是害怕把事情办砸了被人耻笑，或是出于个性的懒散而更愿意按部就班地混日子，结果蹉跎了人生。

尽管我们强调做事不能盲目冲动，但也忘了凡事有度、过犹不及，理性不是意味着犹犹豫豫、迟疑不决，有时候考虑太久了，等所有的条件成熟了，已经没有去做的必要了。若是马上采取行动，就算结果不如预期中那么理想，但比起犹豫着不去做，依然要好得多。毕竟，不去做永远都没有做好的可能。

机遇是有时间限制的，需要当机立断才能抓住。当年，贝尔跟格雷几乎同时发明了电话，可是贝尔果断地申请了专利，结果他成了大富翁和科学家，而格雷基本上算是默默无闻。机不可失，时不再来。在机遇面前，永远都是进一步海阔天空，退一步则波澜不惊，得有壮士断腕的果断勇气和破釜沉舟的冲天豪气，以及迅疾如虎的执行速度。

一艘意大利商船奥萨利纳号停靠在法属殖民地的一个小岛旁，装卸工们正在着急忙慌地往船上装货，这艘船准备驶向法国。可是突然间，小岛出现了异样的情况，地下不断地发出噪声，地下水就像开锅了一样，还发出一些异味，附近海中的鱼群游向都变了。

船长马里奥敏锐地察觉到，这是岛上火山爆发的前兆。他没有半点儿犹豫，果断决定停止装货，命令船员们赶紧离开这里。对于这个决定，这批货物的发货人不同意，还威胁他们说，现在的货物只装载了一半，他们没有按照合同履行责任，如果船长擅自离开港口，他们肯定会去控告他。无论他说什么，马里奥船长都坚决要停止装货。

发货人看船长那么坚决，开始说软话，说本地的火山没有爆发的危险，可马里奥却坚定地回答："虽然我对当地火山了解不多，但如果维苏威火山①像这个火山今天早上的样子，我一定要离开那不勒斯。我不能把我的船和船员们置于危险的境地，我现在必须离开这里，我宁肯承担货物未装完的责任，也不要冒着风险在这里装货。"

一天之后，发货人怒气冲冲地去控告马里奥，还带着两个海关官员去逮捕他。结果，就在这个时候，火山爆发了，他们全部在这次灾难中失去了性命。此时的奥萨利纳号和马里奥船长，却安全地行驶在公海上，朝着法国前进。

船长的果断与坚定，保全了自己和全体船员的性命。如果迫于压力，他选择留在港口继续装货，那么船毁人亡的悲剧可能就无法避免了。很多时候，对组织乃至个人来说，果断与否很可能就是生死界限和成败的分水岭。

人生有很多机会，关键时刻只要果断抓住一次，就可以改变命运。在职场的博弈中，也不允许有半点的迟疑和犹豫，只有当机立断，第一时间付诸行动，才能斩获更多。恰如诗人歌德所说："犹豫不决的人永远找不到最好的答案。"

高效的执行力需要的是果断的行动，而不是犹犹豫豫的考量。工作的节奏是很快的，犹豫就是在浪费机会，浪费时间。当你在犹豫中徘徊时，成功已经划过你的指尖，再也不会回来了。所以，一旦确定了工作的目标或者某种方案，就不要患得患失、瞻前顾后，要有魄力，说干就干。世上本来就没

---

① 维苏威火山是一座活火山，位于意大利南部那不勒斯湾东海岸，是世界最著名的火山之一，被誉为"欧洲最危险的火山"。

有有十足把握的事情，不要因为害怕做不好而束缚住自己的手脚，让机会在我们的优柔寡断中白白失去。

杜绝懒散，专注地做好每件事

"这个世界上最可怕的武器，不是切金断玉的宝刃，而是一个人坚定不移的信念。如果一群人拥有一个共同的信念，去专注地做一件事，则可以主宰一切，也可以摧毁一切。"这段话是唐太宗李世民的至理名言，一千多年过去了，重拾这句话里的精髓，依然适用。

有些人能力很强，但在事业上却没什么发展，总觉得是生不逢时，其实真正的问题在于，做事三心二意、懒懒散散，不够专注。放眼望去，所有成功的军事家、企业家、英雄、伟人，除了具备智慧与执着的精神之外，还具备专注的素质。

前面我们一再强调，想成功就得付诸行动，可在行动的过程中，最为关键的是全身心地投入，专注在所做的那件事上。什么是专注？记得《塔木德》里记载过这样一个故事：

　　一个人去拜访智者约瑟，看到约瑟正在树上摘苹果，冲着他喊道："尊敬的约瑟，我有一个问题要问你。"约瑟听见了，但回答说："我现在不能下树回答你的问题，因为我今天受雇于这里的庄园主，我的时间是属于他的。"

　　收工的时候，约瑟主动向庄园主提出要扣留一点工钱。庄园主很费解，约瑟便解释说："我在树上说了一句拒绝回答问题的话，影响了收苹果，所以理应扣除工钱。”

看，这就是对专注最好的诠释。很多人抱怨工作难、任务艰巨、时间紧迫，其实是他们并没有完全沉浸在那件事情中，在做事的时候还想着球赛、电影、股票等一系列与工作无关的事，连最基本的专注都做不到，何谈把事情做好？何谈爱岗敬业？又凭什么向组织要求高薪高职？如何渴望事业平步青云？

事业是干出来的，而不是等出来的，更不是敷衍出来的。成功的路看似遥远，但通往它的路一直在脚下，只是多数人只看到了远方的灯塔，却忽略了脚下的步伐。如果一个人每次都能专心致志地做好一件事，他必然会成为一个优秀的人；若是不能专心致志，做事莽撞草率，自然一事无成。

专注地做事，不一定非要去做多么重大的项目，正所谓“万丈高楼平地起”，行动本就该脚踏实地，从最基本的事情做起。有一个钢铁公司的普通工人，十几年来未曾换过岗位，每天都做着同样的工作。在别人看来，他做的事没什么技术含量，也没什么前途，可他最终却成功了，从一个普通工人成长为某省十佳技能创新人才，屡次创下该公司的某项经济指标的最高水平。当别人询问他成功的方法时，他平静地说：“把简单的事情做到极致。”

这真的不是空话，只是太多人对简单的事不屑一顾，总渴望做大事，才觉得“做好简单的事能成功”是不可能出现的奇迹。可现实告诉我们，它就是一条经过实践证实的真理！在做简单的事情时，你能专注其中，就不会感到厌烦，会从中发现别人未曾发现的东西，而这很有可能就是一个机会。

黛比·弗尔慈是美国加州的一个普通主妇，婚后一直过着拮据的日子。为了改善生活，她想到要开创一份属于自己的事业。可是，能做点儿什么呢？一没有雄厚的资金，二没有一技之长，唯一能拿得出手的绝活就是现烤软饼干。要不，就开一家做软饼干的专卖店吧！

萌生了这个想法后，黛比就开始行动了。她找到自己认识的一名行销专家，对方在某公司担任高管，对市场经济和行情都很了解，且吃过她做的饼干，还称赞味道不错。可当她把自己的计划告诉对方时，对方却说："这根本行不通，没人会买你的烤软饼干。"

黛比有些失落，但依旧不死心，她又专门请教了不少食品方面的专家。可这些人还没有听完她的话，就摆手说不行。后来，黛比又开始寻求家人的支持，但周围没有一个人支持她，都说她的主意太怪，根本不可能成功。

面对众人怀疑的目光，黛比没有放弃，1977 年 8 月，她孤注一掷地开了第一家现烤饼干专卖店。开张当天，果然一个顾客也没有，毕竟当时多数人都会自己做饼干，就算要买也会要那种包装好的松脆饼干。

在极度沮丧的情况下，黛比想到用免费试吃的方法来吸引顾客，让人们在试吃的过程中拉拉家常，交流一下做饼干的心得，创造了一种温馨的氛围。时间长了，人们都开始自愿到她的店里去买现烤的软饼干。

渐渐地，黛比饼干店的顾客越来越多，规模也不断扩大，她想到了开连锁店，从第一家到第二家，一直开了几十家，后来又从美国发展到世界各地，先后在全世界 1400 多个城市有了她的连锁店，年营业额逾 4 亿美元。黛比还把自己的创业历程写成了书，至今销售已经超过 180 万册，并不断在各地演讲，成了美国知名的励志演说家。

黛比的巨大成功，就起源于做小小的软饼干。看似多么不起眼的一件事，可是专注于其中，把想法付诸行动，它就可能成为改变命运、创造奇迹的机遇。所以，无论眼前的工作是怎样的，请将你的意志贯注其中，认真而用尽心力地做好这件事。当你这样做的时候，你就已经走在脱颖而出的路上了。

树立结果意识，执行重在到位

有一则颇具趣味的寓言故事，说在一栋豪宅里有各色的美食，住在里面的老鼠们很是欢乐，每天都有享受不尽的美味。可是有一天，主人抱来了一只无比凶悍的黑猫，老鼠们的安逸生活被打乱了，被追得四处逃窜。

为了对付这个强大的敌人，老鼠们特意召开了一次会议讨论对策，试图解决掉这个心腹大患。会上，老鼠们各抒己见，争执不下。这时，一只智商最高的老鼠想到了一个主意："我们都知道猫太厉害了，死打硬拼肯定行不通，对付它最好的办法就是防。至于怎么防？我想，派一个兄弟在这只黑猫的脖子上挂一个铃铛，这样一来，它一走动就会发出声响，听到铃声后我们就躲进洞里，它就逮不到我们了。"

老鼠们听到这个主意，都欢呼雀跃起来，可等大家冷静下来一想，该由谁去给猫挂铃铛呢？一想到这件事，老鼠们都浑身发抖，就连出主意的那只老鼠，吓得也不敢吭声了。最后，没有一只老鼠自告奋勇去挂铃铛，这样一个看似很好的办法就成了摆设。

看到这样的情景，想必你会觉得似曾相识。没错，现实中经常会出现这样的问题，策划方案听起来很好，却无法落实到行动中，或是落实不到位，结果达不到预期的效果。现代组织执行力缺失的问题很严重，原因无外乎：不知道什么是执行力、执行工作过于随意、办不好事情就找借口、缺乏责任意识和标准，等等。

对一个组织来说，执行到位不是某一个人的事情，而是所有人的事情。要把工作执行到位，就要求每个人都要具备执行到位的正确观念。如果总有人满足于"做了"，而不是"做好了"，那依然无法提高整体的效率，甚至还会导致满盘皆输。在现实工作中，执行不到位，就等于没执行；执行不到位，还不如不执行。该出的效率没出来，该做的防范没做好，随时都可能遭遇危机和陷阱，结果是难以预料的。

贝聿铭是美籍华裔建筑师，他在 1983 年获得了普利兹克奖，被誉为"现代建筑的最后大师"，在业内有着极为崇高的地位。他认为建筑必须源于人们的住宅，他相信这绝不是过去的遗迹再现，而是告知现在的力量。

然而，这位大师对其平生中原本期望甚高的一件作品却痛心疾首不已。

这件"失败的作品"就是北京香山宾馆，这也是贝聿铭第一次在祖国设计的作品。他想通过建筑来表达孕育自己的文化，在他的设计中，对宾馆里里外外每条水流的流向、大小、弯曲程度都有精确的规划，对每块石头的重量、体积的选择以及什么样的石头叠放在何处等都有周详的安排；对宾馆中不同类型鲜花的数量、摆放位置，随季节、天气变化调整等都有明确的说明，可谓匠心独具。

贝聿铭说："香山饭店在我的设计生涯中占有重要的位置。我下的功夫比在国外设计有的建筑高出十倍。"他还说："从香山饭店的设计上，我企图探索一条新的道路。"该设计还吸收了中国园林建筑的特点，对轴线、空间序列及庭园的处理都显示了建筑师贝聿铭良好的中国古典建筑修养。贝聿铭说，他要帮助中国建筑师寻找一条将来与现代相结合的道路。这栋建筑不要迂腐的宫殿和寺庙的红墙黄瓦，而要寻常人家的白墙灰瓦。

在香山的日子里，贝聿铭通常把意念传达给设计师后，就去做别的工作，然后定时回来监督进度，再向客户报告。香山饭店是他个人对新中国的理解和表达，因此他悉心照顾。

但是，工人们在建筑施工的时候对这些"细节"毫不在乎，根本没有意识到正是这些"细节"方能体现出建筑大师的独到之处。他们随意改变水流的线路和大小，搬运石头时不分轻重，在不经意中"调整"了石头的重量甚至形状，石头的摆放位置也是随随便便。

看到自己的精心设计被工人弄成这个样子，贝聿铭痛心疾首。这座宾馆建成后，他一直没有去看过，他觉得这是自己一生中最大的败笔。

任何一个计划策略出来后，要完全彻底地执行好都不是一件轻松的事，这需要负责流程的人具备超强的执行精神，把纸上谈兵化成实际战果。任何一项工作、任务的完成，都是执行力发挥作用的结果。没有执行力，再完善的制度也是一纸空文，再正确的政策也只能望梅止渴。战略固然重要，但更重要的还是布置任务之后确保完成好。

华为的任正非有一个著名的理论：在引进新管理体系时，要先僵化，后优化，再固化。如何解释呢？借用他在一次干部会议上所讲的话来诠释，再合适不过："五年之内不允许你们进行优质创新，顾问们说什么，用什么方法，即使认为它不合理，也不允许你们动。五年以后，把人家的系统用好了，我可以授权你们进行最局部的改动。至于进行结构性改动，那是十年以后的事。"

从这里我们不难看出，任正非的要求是对制度的尊重，也是在提倡执行精神。如果执行不到位，任何缜密的计划、任何完善的措施、任何正确的政策、任何严格的制度，都只能成为一纸空文；任何创新的思路、任何有效的方法、任何重要的会议精神，都只能是画饼充饥。

执行到位不是某一个人的事情，而是每一个组织成员的责任和义务。所以，不管做什么工作，在什么岗位上，都要有执行到位的观念。这样，事业之树才能长青，个人在职场上才能取得进步和发展。

成功是踏踏实实干出来的

职场里能独当一面的人才总是稀缺，喜欢抱怨、光动嘴不动腿的人却比比皆是。遇见一些不顺心的事，就开始哭诉自己倒霉；接到难以完成的任务，就觉得上司处事不公，存心为难自己；没有得到升职加薪的机会，就感叹着委屈，想另谋高就。总之，他们把所有的时间都用在了嘴巴上，而周遭所有的事情都让他们愤愤不平。

诚然，工作累、薪水低，努力工作没有得到晋升的机会，来访者难缠说话不客气，同事不是很配合自己的工作……这样的事情确实令人心烦，可如果事情已经这样了，何不把它当成一种磨砺呢？与其耗费精力去纠结是非对错，倒不如多做点事情。强者向来是靠行动去扭转乾坤，只有弱者才会用嘴巴去换取同情。

奥尼斯刚刚进入戴尔公司的时候，不过是一名普通的业务员。后来，他经过不断努力，被提升为市场部经理。再后来，他又从市场部经理一跃成为市场总监。这条成功之路是他一步一个脚印走过来的。

奥尼斯成为市场部经理之后，很快就对自己的工作找到了一个正确的定位：做个优秀的市场部经理，协助市场总监完成营销战略任务，努力提高自己的营销策划能力、品牌策划能力、产品策划能力、对市场消费态势潜在性的分析能力。不仅如此，奥尼斯随后又开始认真研究大多数公司对市场部经理的更高要求，并以此作为标准，促使自己进一步学习，提升工作能力。

他先从掌握各项营销政策入手，之后又不断强化自己的执行力。在认识到自己的应变能力不足、缺乏市场销售过程的锤炼和市场销售体验后，他又开始慢慢地提升自己的业务素质。就这样，通过几年的认真学习和实践锻炼，奥尼斯终于如愿以偿地成了公司的市场总监，为戴尔公司做出了巨大的贡献。

只靠嘴巴去抱怨不公，永远都无法让你得到提升，不要总觉得别人获得加薪升职只是运气使然，这个世界上没有绝对的公平和不公平，只有努力和不努力。当你在开口抱怨薪水微薄之前，认真地问问自己：你为工作付出了多少？很多时候，并不是上司不重用你，不给你升职加薪，而是你的能力和经验还没有达到那个水平。如果你将埋怨不公的想法转变为"抱怨工资低，不如自我增值"的信念，你就可能更容易获得事业上的成功。

1961年，韦尔奇在通用电气工作一年了，他的年薪是10500美元。作为一名出色的工程师，他发现自己的薪水与那些工作能力不如自己的人没什么两样，这令他感到沮丧。韦尔奇将这种情绪带到了工作中，结果就是：他对工作越来越没兴趣，一天比一天萎靡。终于有一天，韦尔奇认为自己不能够再这样下去了，他意识到自己以后的路还很长，整天抱怨薪水低，只会浪费通用这个大舞台。

于是，韦尔奇决定彻底改变自己。这时候，他发现了一个机会：一个经理因为成绩突出得到了提升，到总部担任战略策划负责人，他的职务暂时无人接替。这个富有挑战的工作实在太有诱惑力了。

"为什么不试试呢？"韦尔奇动了心，并主动找到领导说出了自己的想法。领导非常吃惊，他说："杰克，你在开玩笑嘛？你根本不熟悉市场，这一点对于新产品是至关重要的。"

韦尔奇不肯接受否定的回答，他谈到了自己的资历、看市场的眼光，以及对待人和工作的态度，他连续说了一个多小时，试图说服领导相信他。终于，领导明白了韦尔奇的决心，也明白他是渴望用这份工作来证明自己能为组织做些什么。他对韦尔奇说："你是我认识的下属中，第一个向我要职位的人，我会记住你的。"

接下来的一周里，韦尔奇不停地给领导打电话，说明他的确适合这一职位。领导被韦尔奇的精神打动了，最终提升他为塑料部门主管聚合物产品生产的经理。1968年6月初，韦尔奇进入通用电气的第八年，他被提升为主管塑料业务部的总经理。当时的韦尔奇33岁，是这家公司有史以来最年轻的总经理。到了1981年，他凭借自己的卓越贡献，坐到了董事长兼首席执行官的位置上，成为GE这个舞台上最引人注目的角色。

别再苦苦仰望别人的成功、抱怨自己的运势了，用已故万向集团董事长鲁冠球的一段话说:"只要你尽心、尽责、尽力去做一件事情,当别人一周工作 5 天,而你 365 天都不休息,别人在过大年初一,而你还在接着干,那么你一定能成功……怨天尤人没有出路,消极悲观走向死路。天上不会掉下馅饼,地上没有免费的午餐,我们只有扎扎实实地干,一切都是干出来的!"

不拖延,行动是改变的前提

每次说起拖延,很多人都不以为然,大不了就是任务完成得慢一点,多花费点儿时间而已,不会有太大的影响。其实,这种想法才是最令人担忧的,因为他根本没有意识到拖延有多么可怕,更没有意识到即时行动有多么重要。

德国有一家电视台曾经高额悬赏征集"十秒钟惊险镜头",这让不少新闻工作者趋之若鹜,征集活动一时间成了人们关注的焦点。在众多的参赛作品中,脱颖而出荣获冠军的是一个关于扳道工的故事短片。

几个星期后,获奖作品在电视的强档栏目中播出,多数人都在电视前看到了冠军短片中的那组镜头。对于这个作品,人们最初只是好奇地期待着,可在 10 秒钟之后,几乎每一个看过的人眼睛里都噙着泪水。毫不夸张地说,整个德国在那 10 秒钟的镜头之后,足足肃静了 10 分钟。

镜头的内容是这样的:在一个火车站里,一个扳道工正走向自己的岗位,准备为一列正在驶来的火车扳动道岔。此时,铁轨的另一头还有一列火车从相对的方向驶进车站,如果他不及时地扳岔,两列火车就会相撞,造成重大事故。

就在这千钧一发的时候,他无意中回头一看,发现自己的儿子正在铁轨的一端玩耍，而那列进站的火车就行驶在这条铁轨上。到底是抢救儿子，还是扳动道岔避免一场灾难？留给他去抉择的时间太短了，甚至，哪怕他再迟疑一秒，就既救不了儿子也挽不回事故了。

那一刻，他毫不犹豫地、语气威严地朝着儿子喊了一声"卧倒"，同时迅速地冲过去扳动了道岔。就这一眨眼的工夫，火车进入了预定的轨道，而另一条铁路上的那列火车也呼啸而过。车上的旅客们根本不知道，他们的生命曾经千钧一发，他们更加不知道，一个小生命正卧倒在铁轨中间。

火车轰鸣着驶过，速度飞快，可对于扳道工来说，这段时间却无比漫长。幸好，孩子毫发无伤，他迅速且忠实地执行了父亲的命令，老老实实地卧倒在那里。这一幕，刚好被一个从此处经过的年轻记者摄入镜头中。

人们在看过短片后纷纷猜测，那个扳道工一定是个特别优秀的人。后来，通过记者的采访大家才知道，那个扳道工就是一个普通的工人，他唯一的优点就是忠于职守，在工作的时候没有拖延过一秒钟。更令人惊讶的是，那个听到父亲的命令就迅速卧倒的孩子，竟然是一个弱智儿童。

他曾经一遍又一遍地告诉儿子："你长大以后能干的工作太少了，你必须得有一样是出色的。"儿子听不懂他在说什么，依然傻乎乎的，可在生死一线的那个瞬间，他却立刻执行了父亲的命令，迅速"卧倒"——这是他跟父亲玩打仗游戏时，唯一听得懂并能做出的动作。

看到这里，你还会觉得拖延是无所谓的事吗？在当时的情境下，如果这位工人拖延一秒扳动道岔，就会酿成无法挽回的悲剧，可他没有失职，所以火车上的乘客安然无恙；如果那位弱智的孩子拖延一秒去执行"卧倒"的命令，那也是一场巨大的浩劫。庆幸的是，这对父子在危难之际，都表现出了超强的执行力：一秒钟也没有拖延！

前美国国务卿鲍威尔说过一句话："去拖延一个问题远比做错还可怕，比做错付出的代价更大。"做错了一件事，也许会有遗憾，但至少去做了；拖延不去做，留下的只有懊悔，等于未战先衰。拖延不是一件不足挂齿的小事，它会让人变成温水中的青蛙，没有任何的紧迫感，等到惊觉水烫火热的时候，一切都已经迟了。

有一个问题很多人都想知道：我们为什么会在工作中拖延？明明知道拖延不好，为什么还是重复这个习惯？究其原因，无外乎以下几种。

第一，工作压力大，潜意识里想逃避。拖延总是伴随着压力存在的，如果工作量超过了潜意识所能接受的那个值，就会萌生出焦虑、抑郁等情绪，强烈的无力感会分散人的注意力，降低意志力。结果，投入工作中的精力不断被消耗，而工作量却没有减少，就形成了一个恶性循环。

第二，害怕失败，迟迟不去做。很多人都抱怨事情太多做不完，但没有谁会说"难度太大，无法完成"。习惯拖延的人都畏惧失败，宁愿被人认为是没有下足够的功夫，也不愿意被人认为能力不足。

第三，外在事物的干扰，无法专心工作。微信、淘宝、APP，丰富多彩的诱惑不断吸引着现代人的眼球，刺激着人的大脑。薄弱的意志力在精心设计的诱惑面前节节退败，让人浪费了大量的工作时间，无法专心地投入到所做的事情中。

原因说完了，接下来就得谈谈对策了。大家可能也发现了，无论是哪一种原因，究其根本来说，最大的症结都是出在"人"身上。不是环境的过错，也不是任务难度太大，是我们潜意识里的完美主义倾向、逃避工作、缺乏时间观念等问题导致的。我们总是寻找借口回避现实工作，要解决拖延的问题，最可行的办法就是"不给自己留借口，全心全力地去做当下要做的事"，不行动永远都无法改变。

对付拖延最好的办法，不是做多么完善的计划，而是立刻行动。当一件事情在你脑海中萌发时，你的动力是最足的，此时立刻行动既能改善拖延症，还能把热情发挥到极致。当感受到了立刻行动带来的成就感后，你会逐渐喜欢上这种雷厉风行的做法，多尝试几次后，再与之前的拖延相比，就会更加倾向于立刻行动。

许多问题不是没有办法解决，也不是时间不够用，而是我们想得太多却做得太少。想做好工作，必须得讲究效率，打败拖延这个大敌。被工作和问题追着走，注定是一个失败者。

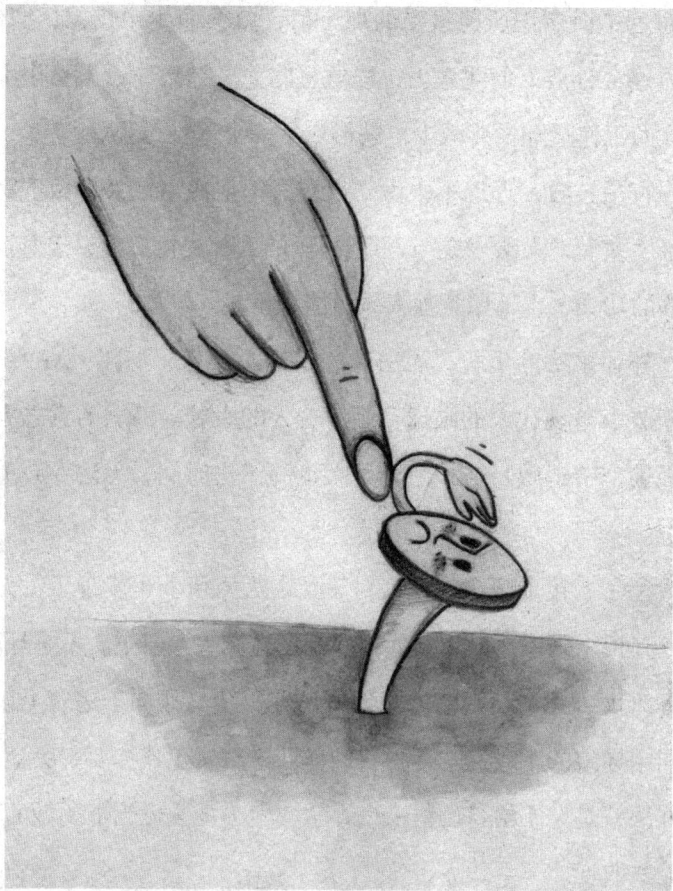

积极主动，永远比别人快一步

一位年轻的女员工走进经理办公室，带着质问的语气说："上司，请给我一个解释……"

她入职已经三年多了，比她来得晚的同事陆续得到了升职的机会，她只涨了一千块钱的工资，职位却原地不动，这让她心里感到很不平衡。这一次，冒着被解雇的危险，她来找上司理论。

"我有迟到早退、乱章违纪的现象吗？"

"没有。"上司回答得很干脆。

"是单位对我有什么偏见吗？"

"当然不是。"上司对这个问题感到惊讶，但还是如实告知。

"为什么比我资历浅的人都可以得到重用，我却一直被视为隐形人？"

上司一时间不知道该怎么解释，就笑着说："你的事情我们待会儿再谈，我现在有点儿急事要处理。要不然，你来帮我处理一下？"上司接着说："是这样的，有一位客户要来公司考察产品状况，你联系一下他们，问问他们什么时候过来。这样我们也能有所准备。"

"这还真是一个重要的任务。"走出经理室之前，她还不忘调侃一句。

二十分钟后，她回到经理办公室。

"联系到了吗？"上司问。

"嗯，联系到了，他们说可能下周过来。"

"下周几过来？"上司问。

"这个我没有细问。"

"他们一行几个人？坐火车还是飞机？"

"啊！您没让我问这个呀！"

上司什么也没说，打电话叫来经理助理。这个助理比她晚来公司一年，是从前台做起的。助理接到了和她刚才一样的任务。十几分钟后，助理开始向上司汇报情况。

"是这样的，他们乘坐下周五下午三点的飞机，大约晚上六点钟到，一行五人，由采购部王经理带队。我跟他们说了，单位会派人到机场接机。这次他们计划考察两天的时间，具体行程等到了以后再协商。为了方便工作，我建议把他们安排在附近的国际酒店，如果您同意，房间我稍后预定一下。另外，下周天气预报有雨，我会随时和他们保持联系，一旦有变动，我随时向您汇报。"

待助理出去后，上司看着她，说："现在，我们来谈谈你提出的问题。"

"不用了，我已经知道原因了，打扰您了。"

之前所有的委屈和不甘心，在那一刻都变成了愧疚。一直以来，她都自诩工作认真、兢兢业业，却忘了很多事情的评判标准不是"有苦即功高"，而是看谁能在最短的时间内更出色地解决问题。在上司刚刚安排的那件事情上，她显然败给了助理，她所做的不过是上司交代的那点事，而助理却主动去了解该做什么，把上司没有交代却也需要做的事情一并都解决了。换作自己是上司，也会选择这样的员工做自己的助理。

几十年前，组织最青睐的是那些有专业知识、能埋头苦干的人。斗转星移，现代组织对于人才的定义已经发生了很大的变化，多数人的工作都不再是机械、重复的劳动，而是需要独立思考、自主决策。正因为此，组织对人才的期望也提出了新的标准，它所渴望的是那些积极主动、充满热情、灵活自信的人，这样的人才更善于发现问题、解决问题，永远走都在别人前面。

市场经济环境下，社会竞争激烈，你不积极主动，就会被人甩得越来远，在这条百米跑道上，谁跑得更稳、更快，谁就是赢家。在相同的条件下，快一步海阔天空，慢一步万劫不复。作为员工也是一样，必须时刻保持一种主动意识，以更快的速度去解决问题，才能脱颖而出。

张某是一家保险公司的业务员，当初迈进这个行业的时候，家里人纷纷反对，觉得卖保险很难做出大成绩，而张某却坚定自己的选择，发誓要用实际行动来证明自己。

当时，一般的保险业务员一天访问20到30个客户，而张某最多的时候，每天拜访过50个客户。他每天很早就起床，六点多就到公司，开始做一天的工作计划，找到最佳的拜访路线。差不多七点左右，他就开始出门拜访客户了。

张某通常在八点钟之前就会来到负责区域，展开例行的访问活动，而此时其他同事往往才刚起床。每天拜访客户后，他会回到办公室整理当天的工作情况，反思自己哪里做得不好，一直到晚上十点钟才回家。

作为一个新人，在月底结算的时候，他的业绩却是排在前几名的，甚至超出了一些老员工，这让主管对他刮目相看。私底下，主管问他是不是有什么"绝招"或是隐形资源优势，张某告诉主管，自己就是做事的时候比别人快一点。别人还在睡觉的时候，他已经来到公司做计划了；别人做计划的时候，他已经开始拜访客户了；别人第一次敲开客户的门时，他已经回访过一次了。

就是靠着这种快人一步的积极主动的工作方式，张某很快就在保险业里站稳了脚跟，并成为公司里的骨干。两年之后，他就成了大区主管，公司里的同事给他起了一个绰号，叫"销售神童"。

都说保险行业难做，可没有专业知识、销售经验和隐形资源的张某，依然在这个领域做出了不俗的业绩。所以说，在有心的人面前，是不存在难事的，他总会想办法去克服困难战胜不足，完成预期的目标。现实中很多人都是等着上司交代任务、到点来到点走，虽也憧憬成功的荣耀，却不肯改变自己的工作模式，成功是不可能垂青这种人的。

任何人想在事业上打拼出一片天地，都得养成积极主动去做事的习惯。生命是有限的，成功也是有保鲜期的，如果你不珍惜时间，对工作不够积极，原本等待你的那个机会就可能被其他人捷足先登了。

第六章

高效解决问题有技巧

> 工作要以问题为导向，用结果来检验。很多事不是努力了就行，而是要努力实现高效能。时间是有限的，要把精力放在有用的事情上，为工作列出清单，该舍弃的要果断，该谨慎的要认真，集中精力攻克难题，养成高效解决问题的习惯。

为每天的工作列一个清单

如果人是一条船的话，那么在人生的海洋中，约有 95% 的船都是无舵船。他们漫无目的地漂着，对起伏变化的风浪束手无策，只得任其摆布，随波逐流，结果，要么触岩，要么撞礁，以沉没终结。

剩余那 5% 的人，他们有方向，有目标，研究了最佳航线，掌握了航海技术。他们从此岸到彼岸，从此港到彼港，按部就班、有条不紊地进行着。那些无舵船一辈子航行的距离，他们只需两三年就能达到。如同现实中的船长一样，他们知道航船的目的，知道将要通行或停泊的下一处港口；就算是一次探险航行，也有把握去应对突发的状况。

工作也是一样，成功偏爱有准备的人，效率属于有计划的行动。

美国"时间管理之父"阿兰·拉金说过："一个人做事缺乏计划，就等于计划着失败。有些人每天早上预定好一天的工作，然后照此实行。他们是有效地利用时间的人。而那些平时毫无计划，遇事现打主意过日子的人，只有'混乱'二字。"

确实，想要提升做事的效率，就得养成善于计划的习惯。培根曾说："选择时间就等于节省时间，而不合乎时宜的举动则等于乱打空气。"没有切实可行的工作计划，必然会浪费时间，如此就更不可能拥有高效率。

维克托·米尔克是世界知名的现代食品公司纽约城推销中心的技术总监，他的工作直接或间接受到5000名雇员中3000多人的影响。为此，他总是忙得一塌糊涂。有一回，在纽约举行的工作研讨会上，他谈到了对时间管理的看法：

"现在我不再加班工作了。我每周工作50~55个小时的日子已经一去不复返，也不用把工作带回家做了。我在较少的时间里做完了更多的工作。按保守的说法，我每天完成与过去同样的任务还能节余1小时。我使用的最重要的方法就是，制订每天的工作计划。现在我根据各种事情的重要性安排工作顺序。首先完成第一号事项，然后再去进行第二号事项。过去则不是这样，我那时往往将重要事项延至有空的时候去做。我没有认识到次要的事竟占用了我的全部时间。现在我把次要事项都放在最后处理，即使这些事情完不成我也不用担忧。我感到非常满意，同时，我能够按时下班不会心中感到不安。"

这就是制订合理的工作计划带来的益处，可以高效地完成重要的工作，少走很多弯路。

有一位老教授，他每天都工作到下午六点钟，晚上出去散步，回来以后就写第二天的工作安排。他说自己每天的工作量是一般人的三倍左右，但是却比一般人更悠闲，原因就是：多数人一天忙忙碌碌却没有计划性，回想起来一天似乎什么都没有干好；另外就是，多数人选择太多，所以太忙，今天想做这个，明天想做那个，总是觉得属于自己的东西太多。其实，选择少一点，才能活得更充实。

那么，该如何来给自己的工作制订计划呢？相关的专业人士给出了一些有效的建议：

1. 每天清晨列出一天的任务清单

每天早上或前一天晚上，把一天要做的事情列出清单，其中包括公事和私事。在一天工作过程中，要经常进行查阅，如开会前十分钟，看一眼自己的清单记录，若还有一封电子邮件要发的话，完全可以利用这段空隙完成。当你做完清单上的所有事情时，最好再检查一遍，通过检查确认事情都已经做好，你会体会到一种成就感。

2. 把即将要做的工作也列入清单

完成计划的工作后，把接下来要做的事情也记录在每日的清单上，如果清单上的内容已经满了，或是某项工作可以改天再做，也可以将其算作第二天或其他时间的任务。有些人总是打算做一些事，最后却没有完成，往往是因为没有把这些事情记下来。

3. 一天结束后，把当天未完成的工作进行重新安排

有了每日的工作计划，也加入了当天要完成的新任务，那么对于一天中没有完成的那些任务，要怎么处理呢？如果事情真的很重要，那么没问题，顺延到第二天；若是没那么重要，可以与相关人员讲清楚未完成的原因。当然了，最好是今日事今日毕，偶尔顺延一次无妨，但切忌养成拖拉的习惯。

4. 记录当月和下月需要优先做的事

要管理好自己的时间，高效地工作，月工作计划也是不可少的。在每个月开始的时候，制订一个详细的计划，并将上个月没有完成而本月必须完成的工作加入清单中。

5. 保持干净整洁的桌面

一个工位乱糟糟的人，不会是一个优秀的时间管理者，因为他经常会在翻找文件这些问题上浪费大量的时间和精力。所以，保持桌面干净、用品整齐，这样的好习惯，能最大限度地帮你节省精力，在第一时间找到自己所需要的材料。同时，把和一项任务有关的东西都放在一起，这样查找起来更为方便；彻底完成了这项任务后，再把这些东西全部转移到其他地方，减少不必要的干扰。

总之，工作计划对于一个追求高效的职场人来说是必不可少的，它能让你做事更顺利。当你学会了安排自己的时间，让工作的时间得到最大程度的利用，你会发现解决问题的能力和效率都在提升，且距离成功也越来越近。

把精力花在有用的事情上

时间会有终点，生命会到尽头。如果你总期待自己做事面面俱到，事事优秀，想让人生的每个阶段都在别人的掌声和鲜花中度过，那么很遗憾，这恐怕不是人力可为的。很多时候，真相往往是这样的：你越想把什么都做好，就越是手忙脚乱，最终一事无成。

既然精力有限，那么时间就要做好分配，有所选择。什么事情必须做好，什么事情可以做好但是不那么紧急，什么事情紧急但是不那么重要，什么事情可有可无，这些分类看似简单，实际上却需要人为地去判断，去筛选。

假如每天只让你做一件事情，可能你会全力以赴，做到最好。假如每天有二十件事让你去做，那么你能做好的可能只有一两件，能做成的大概只有五六件，其余的，要做好就需要你有相当超人的能力了，或者你可以选择直接放弃。

　　李倩是职场新人，在校时成绩优异，人缘极好，长得又很漂亮，对自己要求极其严格，自己也挺开朗，是公认的快乐女孩。但是初入职场，她总觉得自己心力交瘁，疲惫不堪，而且很小的事情也做不好，有时候，明明事情在计划之内，却还是不能按时完成。她很苦恼，只好不停地加班，即使这样，还是不能把事情都处理好，而且经常会遭到批评，她觉得自己已经不能适应这个社会了。

　　上司很快发现了她的问题，提醒她说："其实有时候你做了太多无用功。比如早上有几份文件根本就不需要处理，而你不但细致地记录下来，还一一做了详细的回复，那些东西对我们的工作是没有用处的。你把时间浪费在那些没有用的事情上。今天上午，经理交给你的那份报告才是最重要的。你把不重要的事当要事来处理，把重要的事情丢在一边，下班之前不能够完成任务，你肯定又得加班了。"

　　"但是，那些邮件不需要处理吗？"李倩为自己辩解着，她还是想把所有的事情都做好。学校时期养成的自我要求的性格，促使她不放弃任何事情。

　　"可以处理啊，等你闲下来的候，你可以给自己一些空白时间来处理未完成的事情。时间是有限的，你应该学会合理地分配时间，把握时间，而不是事无巨细。即使是有足够经验的老员工，他也不能事事都处理得完美无缺。试想一下，假如单位给你一百万去做投资，你愿意把一百万分成许多份，每一份都赚一些小钱，然后积少成多，还是拿一百万做一个大的项目，一次性获取最大的效益？"

"当然是做一个大项目了"。李倩毫不犹豫地回答。

"这就对了，当你把这些钱分成小份的时候，你需要每一项目都有足够的时间来实施并加以管理。那么你投资一个大的项目的时候，你会集中精神专心做这一件事。当你把这一件事情做好的时候，你就是成功的。工作也是如此。事事都要求完美，最后什么也做不好，还不如给自己制订一个详细的计划，找出工作重心在哪里，让自己摆脱完美的牢笼，做最好的自己，这就足够了。"

李倩听后恍然大悟，原来自己的问题在于不懂得合理计划安排时间上。

确实，当一个人不能很好地掌控时间，不能充分地发挥自己的能力，就会让自己陷入一种"忙不完"的状态中，自然也会让自己产生"我很没用"的想法。

"可以支配的时间就是财富本身"，马克思经过许多年的研究得出的结论，值得我们深刻思考。一寸光阴一寸金，寸金难买寸光阴，时间是一种巨大的财富，合理地利用时间就是对财富的合理利用。在合理的时间内，合理地做好适当的事情，花开需结果，这才是聪明人的选择。越是什么都想做好，越是什么也做不好。做得多不代表成功，成功即成为有用之功。

数量不代表质量，满足于"数量"而非"质量"，是个令人担忧的问题。把"数量"堆积起来像小山一样，会得到别人的肯定吗？不会，没有人因为你的这些忙碌而理解你、赞赏你，他们只会看你做成了什么，而不是说你做的过程是怎样的。这是个高效率、高质量飞速发展的时代，忙碌的人并不一定能得到掌声，成功的人必然得到尊敬。

假如你还是什么都想做，假如你还是事事亲力亲为，假如你还是追求完美，那么你会让自己陷入疲惫的状态，越劳累，越无力，越焦虑，越失败，恶性循环，自信心在流失，积极性受到打击，这样你还能做好任何事情吗？

有舍才有得，舍弃一部分不必要的工作，把你手上正在进行的，做到最好，这就是职场成功之道。

不要过分在意细枝末节

细节决定成败，是一句至理名言。世界上的万物是由许许多多的细节组成的，没有基石哪里来的高楼大厦？然而，很多人太信奉这句话，错把细节当成了成功的法宝，无论做什么事情都很较真，以至于不能迈开步伐，大步向前。

一棵大树，最主要的部分不是它的枝枝杈杈，而是它的主干，很难想象没有主干的大树，如何能有枝繁叶茂的强壮？一栋大厦，先要将其建成，使它存在于世界，而后才能对它进行各种各样的装饰，在灯光闪烁中感受到它的美丽与壮观。

其实，生活中的任何事物，都是如此，必须先有关键的主体方向，而后再强调细节。比如，你正在进行一个活动策划，策划的方案、主题都还没出来，而你却想着如何布置场景，该采购什么小礼品，虽然这都是日后必须要做的事，但就现在而言，这些功夫就是白费的。没有一个主题，如何确定风格？没有风格和定位，如何知道购买什么样的装饰品？

细节不是不该重视，而是应该在全局确定的基础上去强调它、完善它。忽略整体而注重细节，会让自己已经基本完成的事情重新被打破。先让自己有一个方向，不要在不必要的细节上耗费太多的时间和精力。若你偏偏要去计较，还要把自己陷进去，翻来覆去给自己一个不安稳的环境，降低自己的工作效率，显然是很不划算的。

李某是单位里的干部，处理任何事情利落果断，能力是大家一致公认的。但他有个毛病，就是太注重细节，明明有些事情已经做得很好了，他却还抓着一些细节的尾巴不放。

有一次，办公室一个下属去交策划方案，李某说细节上需要修改，让下属回去自己好好审查，务必做到最好。

下属郁闷至极，自己认为方案已经很完美了，却还要修改。回到办公室和同事沟通，大家知道领导挑剔，就好心给了一些建议。然后，下属就加班加点修改。

几天后，下属的方案又被李某给退回。下属回去之后反复修改，眼看最后期限就要到了，再通不过可就麻烦了。最后一次递交方案，李某总算是勉强签字，并指出一些细节的问题，譬如方案做得不够完美，格式上不够整齐……下属听后心里很郁闷，这不是鸡蛋里挑骨头吗？

如果感觉格式不美观、不整齐，完全可以跟下属指明，而后自己略微修改一下，省下让下属来回修改的时间，又能够安排不少的工作。李某的处理方法，不仅浪费了时间，还弄得下属很不满意。显然，这么做得不偿失。

有时，太注重细节，还会耽误自己手中最紧要的工作。比如，一些无关紧要的事情，你非要将它和主要的工作平等对待，花费一样的时间，这就是舍大求小了。时间是一种宝贵的财富，在不必要的细节上浪费宝贵的时间，就好像花重金买了一个没有用的廉价物品。

太注重细节，还会给自己造成一定的压力和精神负担。其实，过分完美主义会让你在追求完美的过程中，潜意识里觉得："我很没用""我不行""这么简单的事情都做不好"，自卑如泉涌般喷来，慢慢地，你的自信就会在这样的消磨中逐渐丧失。

不必要的细节将会成为你事业和生活的绊脚石，太注重细节的结果就是自寻烦恼，给自己背负一个不必要的枷锁。如果你懂得理解和宽容，如果你不那么固执，那么你就会觉得前所未有的轻松。有时候，放过一些小事，比紧紧抓住更加有益。

远行之前，总会有人告诉我们，不要带那么多东西，轻装上阵会让自己的旅途更加愉快。所以，当你意识到自己被细枝末节缠身的时候，请想办法摆脱，避免为它所累。

把难题拆分成若干小问题

要把卫星送上地球轨道，有一个必须的条件，就是火箭要达到每秒 7.9 千米的第一宇宙速度。20 世纪初，科学家们发现，单级火箭无论采用性能多么好的固体或液体燃料，按当时的技术所能达到的最大速度也只有每秒 6 千米。也就是说，在当前技术条件下，单级火箭根本达不到发射卫星的要求，更别提用更快的速度飞向月球，飞向深空了。

真的没有办法了吗? 显然不是。后来有人提出"分级火箭"的想法，问题一下子就豁然开朗起来: 把火箭分成若干级，第一级将其送出大气层时便自行脱落，以减轻重量。然后第二级火箭点火，加大速度继续飞行，燃料用完后关机并自行脱离。再然后第三级火箭接着点火飞行，直到速度提高到所需数值，把卫星或飞船等有效载荷送入预定轨道。

火箭分级设计的思想，对我们的实际生活有很大的启示。很多时候，我们面对一项艰巨的任务，也会心存畏惧和疑虑，总觉得用尽浑身解数也无法解决。如果因此知难而退、裹足不前了，就等于未战先降，否定了我们的潜能。如果能把任务分解成若干个小任务，有针对性地去攻破，往往就能拨云见日。

在1984年的东京国际马拉松邀请赛中，日本选手山田本一出人意料地获得了世界冠军，在这之前，很少有人知道他的名字。他凭借什么取得如此惊人的成绩呢？

山田本一在他的自传中说道："每次比赛之前，我都会事先乘车仔细地观察一遍路线，然后沿途把比较醒目的标志画下来。譬如，第一个标志是银行，第二个是大树，第三个是红色房子，等等。就这样，一直画到终点。比赛开始后，我就奋力地冲向自己的第一个目标，到达了那里之后，我就会用同样的速度向第二个目标冲刺。几十公里的赛程，被我分解成了一个又一个的小目标，就这样完成了几个小目标，我就顺利地跑到了终点。最初，我并不知道这样做很有效，我总是把目标定在终点，结果我跑到一半的时候就已经感到十分疲惫了，想到前面还有如此遥远的路程，就被吓倒了。"

马拉松的行程就如同一个大目标，若是总想着一口气完成，走到一半的时候就会感到累，甚至被这个艰巨的任务吓倒，最终导致失败。与其想那么远，倒不如把它拆分成一个又一个小一点的目标，每走一步都觉得能看到希望，把这些目标都完成了，大目标也就圆满地实现了。

现实中这样的例子，还有很多。1872年，"圆舞曲之王"约翰·施特劳斯来到美国。当地有关团体很快就来访问，请求他在波士顿指挥音乐会，施特劳斯爽快地答应了。可是，谈到演出计划的时候，他却被这个规模惊人的音乐会吓了一跳。

原来，美国人想要创造一个世界之最，让施特劳斯指挥一场2万人参加演出的音乐会！一个指挥家一次指挥几百人的乐队，就已经是一件很不容易的事情了，何况是2万人？施特劳斯想了想，居然又答应了。

演出那天，音乐厅里坐满了观众。施特劳斯指挥得非常出色，2万件乐器奏起了优美的乐曲，观众们沉浸在音乐中陶醉不已。演出如此成功，得益于施特劳斯的"妙招"：他作为总指挥，下面有100名助理指挥。总指挥的指挥棒一挥，助理指挥紧跟着相应指挥起来，2万件乐器齐声奏响，合唱队的和声响起。

遇到这样别开生面的超大型演出，就算是资深的指挥家，也未必有施特劳斯的勇气和胆量。相信他在接下这个任务的时候，就已经想到了解决的办法，那就是把问题分解成多个板块，把大难题化作小难题，把大压力化解成小压力。

早年，美国有一位青年到西弗吉尼亚州兰伯堡镇访问。到了那里，他发现了一个问题：电车只通过镇外3千米远的地方，中间隔着一条两岸很高的河，必须过河才能到镇上去。经过了解，他得知在这条河上造桥很困难，费用也很高，电车公司不愿意投资这笔钱。

他对这件事产生了浓厚的兴趣。很快，他又了解到，与修桥和线路有关的单位还有铁路公司和地方政府。当时，铁路公司的火车调车地点与一条隧道相交叉，既阻碍交通，又很容易发生事故，如果修好了电车道，原来的道路就可以移到其他地方，这对他们是很有好处的。对于地方政府来说，如果能解决这个问题，自然会深得民心，提升政府的威望。

于是，这位聪明的年轻人就跟电车公司的领导说，如果电车公司能投资 1/3，其余 2/3 的资金都可以由他负责解决。结果，电车公司非常高兴地同意了。接着，他又去另外两家单位，用同样的方法征得了他们的同意。前后只用了 5 个月的时间，大桥和线路就修好了，有关三方面和市民皆大欢喜。

这是一个更加实际的案例，让任何一方负责全部投资都很困难，但是把整个投资拆成三部分，每一方都觉得投资金额可以接受，整件事情就顺利地解决了。许多困难乍一看不可能，但若能化繁为简，把令人望而生畏的问题分解成若干小问题，往往就能快速地征服它们。对我们每个人来说，欲成为高效能的工作者，"切牛排式"的工作方法，是必备的技能，用它来处理复杂的问题，会容易很多。

第一次就把事情做好

著名的质量管理大师克劳士比，始终提倡一个工作思想：第一次就把事情做对！

克劳士比指出，管理层必须不断地通过找出做错事情的成本来衡量质量的成本，这种成本也被称为不符合要求的成本。为此，他创立了这样一个公式：质量成本（COQ）= 符合要求的代价（POC）+ 不符合要求的代价（PONC）。

所谓"符合要求的代价"，就是指第一次把事情做对所花费的成本，而"不符合要求的代价"却使管理层意识到浪费成本的存在，从而确定要改进的方向。

当年，克劳士比先生应一位著名企业家的邀请，去该企业做咨询。这位企业家对克劳士比先生抱怨说，自己平日太忙了，根本都没有时间去赚钱。问及原因，才知道是他的工厂总是无法按期完成生产计划，总是延期发货，客户们为此有很大意见。为了赶工期，他不得不新招聘400名工人加班加点地工作，可生产进度依然赶不上增加的订单。

克劳士比先生到他的工厂进行了一番考察：那是一家非常现代化的组织，厂房明亮，规划整齐，生产设备也很先进，有七条装配线能把不同的部件组装在一起，且每条装配线的尽头都设置了检查站，一旦哪个环节出现问题，质检人员就会记录在一张单子上。然而，几乎每台机器都会在某个环节出现不同程度的问题，出现问题的产品被送到返工站。那里搭建了几个工作间，由最有经验的工人负责返工的工作，返工之后产品就能够出厂，发给客户了。

考察的整个过程中，克劳士比先生一句话也没说。午餐时，企业家终于忍不住了，他问克劳士比先生："有什么办法能把返工的次数减下来吗？"说着，他还列举了一些难以规避和解决的问题，如机器在生产过程中不可能没有失误；工人们都很敬业，为了返工可以工作到夜里12点，已经是极限了；技术上的改进在两年内实现不了，等等。

克劳士比先生笑了笑，说："实际上，我给的建议很简单——取消返工区，您不妨一试。"

企业家摇摇头说，说道："取消返工区？先生，您是在开玩笑吧？这样的话，返工的产品在哪里重新修复加工呢？要知道，返工的产品占全部产品的30%！"

克劳士比现实告诉他，其实只需要做一件事，就能把所有的问题都解决掉，而且以后永远都不会出现返工。企业家不相信，称不可能有这样的情况。克劳比先生没有说话，只是拿出了纸笔，写下这样的建议：

· 关闭返工站，让在那里工作的人都回到各自的生产线当中去，做指导员和培训员；

· 在生产线尽头摆上三张桌子，让质量工程师、设计工程师和专业工程师各管一张；

· 将出现的缺陷按"供应商的问题""生产过程中产生的问题""设计的问题"进行分类，并且坚持永远、彻底地解决和消除这些问题。

· 将机器送回生产线修理。

· 建立"零缺陷"的工作执行标准。

虽然心里有些疑惑，可企业家还是按照克劳士比先生的建议进行了改革。结果，他们发现了许多管理问题。比如，订购零件时只看价格高低，忽略了质量；没有对生产线的工人进行很好的培训；有的人接受了这样一种观念，那就是一切都需要返工……几个星期以后，他们的生产进度发生了质的飞跃，无论订单如何增加，总能按时或提前完成任务。

不仅如此，他们还在车间设立了一个标志板，上面写着生产无故障、无缺陷产品的天数。随着时间的推移，这个数字越来越大，甚至连他们自己都不敢相信。而且，他们还学会了检查新产品的方法：工人一边装配，一边将出现的问题提出来并解决掉。工人们再也不必每天加班到 12 点，而且按时上下班，有更多的时间去享受业余生活。

最让他们高兴和自豪的是，由于企业生产速度很快，提供的产品质量稳定，性能可靠，很快他们就占据了本行业最大的市场份额。日本人原本已经进入了这一市场，但因为看到了该公司的领先水平，最终选择了退出。这家企业也成了所属行业中第一家打败日本企业的美国企业。

回顾整件事，在克劳士比先生提出取消返工区时，几乎所有人都觉得这是不可能的，因为在他们看来，"第一次就做好"是一个理想化的状况，不可能在现实中发生，谁也不可能在第一次就制造出零缺陷的产品，尤其对他们这样的企业来说，更是奢望。

可实际情况又是怎样的呢？"第一次就做好"没有想象的那么难！此后，他们先后兼并了七家工厂，这些工厂也都采取了同样的管理办法。即便是那些只有小学文化水平的人，也一样做到了"没有返工"的要求，且每家工厂的利润都提高了 10 倍以上。

把事情做对、做好有很多机会。如果一项工作有十次做对的机会，第一次没做对，第二次没做对，第三次没做对……到第九次做对了，结果是对了，但相比第一次直接把事情做到最好，却浪费了大量的时间。所以，当一件事情是有意义的，且具备了把它做好的条件，为什么不一次性就把它做好呢？当你可以努力达到一个艺术家的水平时，为何要心甘情愿继续平庸呢？

很多事情，做不做得到是能力的问题，想不想做到是思想的问题。如果你始终秉持着"一次就把事情做好"的原则，那么你就会尽最大努力去实现目标，你的工作会变得更加高效，你的生活也会变得更加丰富。

发现并利用你的黄金时间

生活中，我们常常有这种感觉，前一秒还是精力充沛，激情满怀，后一秒就开始消极颓废，满脸倦容。很多人觉得这是因为情绪上的波动引起的，其实这是一种正常的现象。

人在每个时期的不同状态，导致了工作和生活的节奏是快还是慢，也就导致了工作效率的高低。那么了解自己的生理状况并合理运用自己最好的时间，也就是我们所说的黄金时间，是一种快速获得高效率的必经之路。

一个对自己的工作有详细计划的经理，曾经把他对时间的安排发给每一个新来的员工。这是他自己在升迁过程中总结出来的经验：

清晨刚刚收拾完毕，来到自己办公室，阳光洒满窗台，这时，你的身体刚刚苏醒，大脑处于空白时期，比较清晰，可以把一天的工作计划归类整理，各项事务分工。在思维极度清醒的状态下，做事情条理清晰，思维敏捷。获得一天中最重要的信息，并合理安排好自己的工作时段，给自己制订一个小小的计划。

9点到10点之间，是真正的黄金时期，思维飞速运转，大脑活跃，这时可以做一些重要的事情，比如电话回访、客户谈判、设计创造等比较重要的工作。这样会让你的工作能力在这段时间得到充分的发挥。

10点到11点，思维活跃度逐渐达到高峰，身体处在最佳状态。可以把今天的会议、报告或者汇报等工作，处理得很完美。这段时间不能放松自己，把自己最好的姿态，贡献给最重要的工作。

11点到12点，身体有些疲劳，需要稍稍休息一下，饥饿感在逐渐传递，可以回复一下邮件，整理一下资料，把昨天遗留的工作处理完毕。必要的时候，和同事讨论一下工作的进度或者计划。

午饭过后，身体处于困倦状态，稍稍休息一下，适当调整自己，为下午的战斗打好基础。

14点到16点，身体已经恢复。要让自己冲锋在最前线，做一些高难度、复杂的计算工作，把全天工作最核心的部分加快步伐处理完毕。这个时期的工作会表现出工作成绩和效率。充分利用好这个黄金时段，那么你一天的工作基本上就有了保障。

17点到18点，精神疲劳、视觉疲劳，各种疲劳相继出现，那么不要做一些思考难度太大的问题，要让自己的思维得到放松的同时，身体上继续为工作忙碌。体力上的劳动暂时转移一下精神上的疲惫状态，劳逸结合的同时，也没有耽误正常的工作。

晚饭后如果你还在加班，那么你就要开始静下心来整理一天的资料了。这个时间用来复习和回顾最好不过，可以写下总结和明天的安排。

一天里最好的阶段如果被充分利用并放大到最佳，那么你这一天的效率会比别人高出很多。不要小看黄金时期的作用，利用好黄金时期会缩短你与梦想之间的差距，并飞速提高你的技能。

很多人不了解自己的黄金时间，做事胡子眉毛一把抓，在最好的时间里打一些不太重要的电话，回复一些不必要的邮件，白白浪费了黄金时间。等到重要的事情降临，又疲惫不堪，没有精力，于是一天下来，工作倒是做了不少，但是效率并不高，下班后要加班加点，忙到很晚。

同样的情况下，有一些人就很"悠闲"。他们似乎没有被工作困扰的烦恼，难道是他们能力超强吗？也许不是，如果你留心，就会发现，那些人总是在总结，在计算，在合适的时间段把工作效能提升到最高。黄金时期来临，他们会紧紧抓住并突破自己，灵活地运用自己的能力，在合适的时间，做合适的事情。于是，在同样的时间里，他们能做出比别人更多的事情。

黄金时期是精神与生理恰到好处地结合的时间，那么如果你不把它们白白浪费了，回报自然是翻倍的。黄金时间在任何人的生命里都是平等的，不是你有我没有，我有他没有。找到属于自己的黄金时间，合理利用自己的黄金时间，是非常必要的。

当然，用好黄金时间，还要注意一些细节：

1. 记录自己的生理变化并及时做好总结。

2. 将自己的工作分类并把最重要的工作安排在黄金时期。

3. 切记在黄金时间不要被琐事和他人打扰。

4. 制订一个计划，如需要可随时调整自己的计划。

5. 保持良好的工作状态，避免自己过于疲惫或懒散。

6. 一周或者半个月给自己的工作做一个很好的分析，查漏补缺并鼓励自己。

7. 请别人帮忙，善于借助他人的力量，让自己的时间安排变得更加合理，让自己的计划变得更加完美。

总而言之，用好黄金时期，让自己随时精力充沛，那么工作效率自然也就提高了。

没有停顿的生命，
或许只是简单的重复

最大限度利用零散时间

时间就是生命，这句话我们每天重复无数遍，但是有多少人在无动于衷地浪费着几分几秒的时间呢？他们内心也渴望做点事情，但总是会说"时间不够用，等闲下来的时候再说吧"，事实上他们是把"空"的时间和"闲"的时间混淆了。不信你看，多少人在电脑前刷着微博、打着游戏，可就是找不到"空"的时间。

麦肯锡公司曾经做过一个调查，清晰地展示了人们空闲时间的秘密。这份抽样调查表明：美国城市居民每周平均每日工作时间为5小时1分钟；个人生活必须时间为 10 小时 32 分钟；家务劳动时间为 2 小时 21 分钟；闲暇时间为 6 小时 6 分钟。这四类活动时间分别占总时间的 21%、44%、10% 和 25%。

每一天人们都是这样度过的。十年来，人们的闲暇时间增加了 69 分钟，闲暇时间占到一个人生命的 1/3。中国人每天在电视前的时间是 3 小时 38 分钟，日本人和美国人每天在看电视上花费的时间分别是 1 小时 37 分钟和 2 小时 14 分钟。这次调查报告还显示，本科以上高学历的人终生工作时间是低学历者的 3 倍，平均日学习时间为 50 分钟，收入是低学历者收入的 6 倍以上。

很多人都觉得，人与人之间的贫富差距、成就高低，都是因为环境、机遇、能力和性格等方面的差异导致的，可事实却像爱因斯坦说的那样："人的差异在于利用空闲时间。"

鲁迅先生从不浪费自己的时间，他说他是把别人喝咖啡的时间用在了写作上，所以他一生才能为我们留下 600 万字的作品。你在喝咖啡，他在车上打盹儿，别人在读书写作，一点点的差别，但是积累时间长了，结果大相径庭。

澳大利亚著名生物学家亚蒂斯成功地发现了第三种血细胞，同时也神奇地诠释了闲散时间。他非常珍惜自己的时间，所以特意给自己制定了一个制度，那就是睡前必须读 15 分钟的书。无论忙碌到多晚，哪怕是凌晨两三点钟，进入卧室以后也要读 15 分钟的书才肯睡觉。这样的制度，他坚持了整整半个世纪之久，共读了 8235 万字、1098 本书，生物学家终于变成了文学研究家。

斯宾塞说过："必须记住我们学习的时间是有限的。时间有限，不只是由于人生短促，更由于人事纷繁。我们应该力求把我们所有的时间用去做最有益的事情。"但凡有成就的人，没有一个不把时间当成生命中最宝贵的东西，没有一个不为浪费时间而感到痛苦。生活中最让人难过的事情是，比你优秀的人比你更加知道时间的宝贵，比你更加努力。

火车上，有位年轻的小伙子，一直低头不停地写东西。坐在他旁边的中年男子，出于好奇凑上去看，发现他在给客户写短笺。中年男子说："小伙子，这两个小时我一直在你旁边看着，你一刻也没停，一直忙着给客户写信，你真是一个有心的业务员啊！"

小伙子抬起头，微笑着对中年男子说："是啊，如果不是出差在火车上，现在我应该在单位里上班，也应该在做这些事。"

中年男子对小伙子的敬业精神很佩服，也很感动，希望他能够成为自己的得力助手。于是，他说："我想聘请你到我部门里来做事，虽然我知道你的上司肯定会很重视你，但我可以提供你更高的薪资待遇。"中年男子用诚恳的目光看着年轻人，等待回复。年轻人笑了笑说："我就是老板。"

成功人士之所以成功，并不是偶然。很多成功的人对时间的利用达到了让人吃惊的地步。正如上面的这个小伙子，他能如此自觉地利用闲散时间，成为老板也自然是顺理成章的事。

艾米是一家公司的设计师，虽然工作任务不轻松，有时甚至许多设计方案都积压在一起，但艾米却从不慌张，都能从容应对。几年过去了，公司里的设计师来了一个又一个，但艾米却一直稳稳当当地占据着首席设计师的位置。

艾米说："有时候真的很忙，但不管多忙，我都会在忙碌的时候合理安排一下时间，随时待命，见缝插针。闲下来的时候，我也很少玩游戏，自己在网上学习，翻看一些设计类的书，看其他设计师的排版和效果，不断给自己补充新知识，不断充电。"

时间最不偏私，给任何人都是 24 小时；时间也最偏私，给任何人都不是 24 小时。因为时间是死的，我们的思维却在活跃着。每天 8 小时的工作时间，上网看微博的时间，完全可以用来收发邮件；中午和同事闲聊的时间，完全可以闭目休憩一会儿；路上等车、坐车的时间，完全可以用来听书……时间就像海绵里的水，只要愿意挤，总是会有的，只是看你是否知道利用。

从现在开始，盘活你的闲散时间吧！你会给自己创造不一样的未来。记住：生命是时间累积而成的，零碎时间也是生命的一部分，只要用心，任何时间都不会被浪费掉，积少成多就会让生命变得充实而厚重。

精神集中才会有高效率

有人说：当你真心想要做好一件事情的时候，全世界都会来帮助你。当一个人高度集中精力做某一件事的时候，大脑则会抑制其他的事情进入。可是，我们在生活中经常看到的却是另一番情景：做事三分钟热度，热情只挥洒在刚刚开始的那一段时间，时间长了就半途而废，干脆放弃了。

或许，是浮躁的气息让人的内心无法平静，有太多的干扰因素不时地出现；或许，是因为内心本就迷茫，没有一个确定的方向，所以才会东撞西撞，不知方向。这是身处社会大环境之中，每一个面对生存压力的人，都不可避免会遇到且必须面对的事。

然而，不管外界如何变幻莫测，有一点是肯定的：事情，永远是做出来的。你不去做，永远不可能成功。可能，你会在选择中迷茫、犯错，但那都不要紧，它们只是从另一个角度告诉你，你不太合适。你需要的是时间，还有深刻地反思，自己究竟要做什么？如果你确定了方向，并且愿意去尝试，那就要坚持下去，排除一切干扰，为你的目标而努力。这一点，就是人们常说的专注力。

著名科学家爱迪生，绝对称得上是一个专注的人，他的一生有超过一千项发明。

24岁那年，爱迪生和妻子玛丽走入了婚姻的殿堂。晚饭之前，他对玛丽说："亲爱的，我想出去一下，请问可以吗？"看爱迪生紧张的样子，新娘也不好问什么。爱迪生出去之前，又说："亲爱的，等我回来和你一起吃晚饭。"然后，他就急急忙忙跑出去了。

晚饭时间到了，大家都在问玛丽，爱迪生去了哪里？玛丽也不知道，急得满头大汗。晚宴后，客人们陆续散场，大家始终没有见到爱迪生的身影。

难道他逃婚了？当然不是。爱迪生跑到实验室去了。他纠结了好几天的问题，好不容易有了一点头绪，所以就丢下新娘独自来到实验室做实验。

后来，一位助手在实验室找到了正在埋头做实验的爱迪生。

助手说："大家找了你半天，原来你在这里呀。"

"几点了？"爱迪生问。

"十二点了。"助手回答。

"糟了，我答应玛丽还要陪她吃晚饭呢。"爱迪生说完就赶紧收拾自己的包急急忙忙回去了。

正因为如此专注的态度，爱迪生成为了当之无愧的伟大科学家。

对比一下，生活中很多人也是在忙着工作，忙着生存。可付出了半天，收获甚微。原因就是，他们从未真正地专注过一件事，内心浮躁难安，总也静不下来，急着看到结果，稍微遇到点麻烦就想着退缩，就怀疑自己的选择。唯有对目标执着、坚定、持之以恒的人，才能最终得到他想要的。

　　专注的意志是不可思议的。如果你拥有梦想，而且遇到再大的障碍也绝不放弃的话，那么生活中的困难便会消失，你也会得到你所期望的。这真的会发生，而且真的有用。那些取得成功的人一般都是专注于一件事情，而我们却往往贪多。成功者都明白：要成功就应专注于事业。

　　那么，如何才能训练自己的专注力呢？

　　首先，你要控制自己随时想"出轨"的欲望。克制自己的情绪，收服自己的不安。做一件事情就要全力以赴，不要左右摇摆，左顾右盼，也不要被什么事情中途打断，更不要主动去中断正在进行的工作。大脑处于高度集中状态的时候，突然间一下子分散，想要把原来的信息重新收集起来，是一种巨大的困难。而人的思维被打断后，恢复平静又需要一段时间，这样白白浪费时间，根本就没有办法做好任何事情。

　　其次，锻炼自觉不受外界干扰。训练自己强大的心理素质，锻炼自己的控制能力，是十分必要的。无论外面发生了什么，只要你不回头，就没有什么能够干扰到你。有些人总是喜欢给自己的错误找理由，如果你是专注的，那么还有什么可以影响到你呢？

　　再次，养成良好的生活习惯。比如，按时睡觉，形成一定的生物钟。注意饮食，注意健康，照顾好自己的情绪，这些都是很重要的。健康是生活的本钱，没有了健康，就没有了一切，身体垮了，精神自然也就垮了，再集中的精神状态，也不能够克服自身的生理因素。

　　再次，给自己制订一个详细的计划。对于紧急而重要的事情，要立马去消灭它；对于重要而不紧急的事情，给自己制订一个详细长远的计划，并持之以恒地完成。不能半途而废，更不能拖拉。

　　最后，可以让别人来监督你。当你需要帮助的时候，请求别人适当地帮助也是很有必要的。一个人的力量是微弱的，别人的帮助也许会让你明白一些道理，或者，别人能够给自己一些动力，这样你的计划更容易实施。

当你想要达成一个目标时，请先训练你的专注力。因为在实现目标的过程中，你会发现自己需要克服的困难很多。倘若你能够像那些成功者一样，达到忘我的境界，那么你就有可能是下一个成功者。

第七章

解决问题之路就是员工进阶之路

问题是时代的声音，每个时代总有属于它自己的问题，与其抱怨外部的环境，不如沉下心来自省。当你心存抱怨，便会永远抱怨；当你今天逃避，便会永远逃避；当你身心懒惰，便会永远懒惰。在解决问题之前，先要努力做到的是改变自身；而在改变自身之前，最重要的是反思自省。

只有想不到，没有做不到

在同样的环境和平台中，有些人置身其中很久，却一直被埋没，无人问津，而有些人却总能出其不意地制造惊喜，让人对他刮目相看。机遇这件事，比的不是运气，而是谁有想法，谁更有心。

我们每天都在呼吸，但有几个人想过去售卖空气？这想法听起来有点不可思议，但真的有人这么做了。现代的城市人大都生活在污浊的空气里，尽管空调器、加湿器、负离子发生器等对改善空气质量有一定的效果，但还是无法让人有置身大自然的感觉。

有一个日本人敏锐地抓住了这个机会，他把山林、田野、草地间的清新空气收集起来，生产出了一个不可思议的产品：只有一股气的"空气罐头"。对于那些日夜饱受污浊空气之苦的城市人来说，一打开空气罐头，扑面而来的是一股股真实清新的大自然的气息，闭上眼睛就好像置身山林、田野、草地一般，绝对心旷神怡。这款空气罐头一上市，就受到了强烈的欢迎，而那位日本人也因此成就了自己的事业。

十几年前，在广州打工的金某发现，街上有很多打折的邮票卖。对这种现象，很多人都见怪不怪，可金某看到这个情况时，脑子里却闪出了一个念头：如果用这些打折的邮票帮写字楼里的公司寄信，一封平信可以赚1毛多，一封挂号信可以赚2块多，这不是一条很好的谋生途径吗？

第二天一早，金某就去了自己上班的那个写字楼，找到一些熟悉的面孔，跟他们说自己有一些打折的邮票，希望以后能帮大家代理邮寄信函。那栋写字楼有30多家公司都爽快地答应了她的要求，当天她就收到了其中5家公司要寄走的170多封商业信函。

金某以七折的邮票价格寄走了这些平信，轻松赚到了40多块钱。一个月下来，她为这栋写字楼寄出了2000多封平信，400多封挂号信，收入了1900元。那是2001年，这样的收入已经超过了她的基本工资。

初战告捷后，金某希望能把这项业务做大。很快，她就投资了1000元，买了一辆自行车和一大批邮票，联系上了不少写字楼，准备大干一场。为了取得客户的信任，对于新客户寄出的挂号信，她总是当天就把邮局的查询单给对方送回去。渐渐地，大家都开始信任做事认真的金某，也开始有人陆续给金某介绍其他公司的业务，这让她顺利迈过了做业务最难过的信任关。

创业就是这样，开源的同时也得节流。随着业务的发展，邮票的用量越来越大，为了保证邮票有一个稳定的来源，以便获取更大的利润空间，金某开始直接去找批发商，因为他们的邮票不仅货源充足，品种齐全，能满足各类信函业务的需求，且价格也比较低廉。

2004 年，金某的服务范围从广州的海珠区扩展到了天河区、越秀区、荔湾区和东山区，拥有三十多个写字楼的 700 多家客户。不过两三年的时间，金某就净赚了 40 多万元。此时的她，已经不是一个普通的小员工了，而是成了自己的老板。

很多事情不是做不到，而是不敢去想，被当下的一切禁锢了头脑，觉得无法实现。有时候，即便是想到了而没有去做，也会留下遗憾。就像美国的成功学家格林，他在演讲时不止一次调侃地说过，全球最大的航空速递公司联邦快递是他构想的。格林不是在吹嘘，他确实曾经有过这样的想法。

20 世纪 60 年代，格林刚刚起步，在全美为公司做中介服务，每天都在想如何把文件在限定的时间内送往其他城市。当时，他曾经想：如果有人提供能把重要文件在 24 小时之内送到任何目的地的服务，那该有多好！这想法在脑海里停留了好几年，他也一度跟不少人说起这个构想，遗憾的是，他没有去尝试，潜意识里还是觉得这件事不太可能。直到后来，一个叫弗雷德·史密斯的家伙，真的把它变成了现实，从此世界上就有了联邦快递。

只要有坚定的信念，无穷的勇气，适宜的方法，那么只有想不到的事，而不存在做不到的事。许多事情人们之所以不去做，就是因为认为不太可能，但其实许多的不可能，都只存在于人的想象中。

以格林为例，他比很多人的思想前卫，想到了速递服务，可惜他还是缺乏成功的自信和行动力，白白错失了这个机会。世间所有的成功者，向来都只会为自己想做的事情去找方法，而不会为放弃找借口，更不会把做不到归咎于外部的资源。

在常人的思维里，水是永远不可能倒流的，可当抽水机问世后，水倒流就变成了现实。很多事情都是这样，只有想不到，或是想了没有做，而没有做不到。把所有的心力集中在那个渴望实现的目标上，没有什么问题是不能突破的，关键就在于你敢不敢想，想了之后敢不敢去做！

与其抱怨，不如努力实干

现实中有一类人，无论遇到什么事，最先想到的不是寻找解决的办法，而是喋喋不休地抱怨。初出茅庐的时候，会抱怨就业太难；找到了工作，又抱怨薪水太低，不受重视；跳槽之后，开始抱怨组织的发展平台不够好，觉得自己辛苦地付出，却得不到提升的机会……总而言之，无论什么时候，走到哪儿，都少不了怨气，就好像抱怨能解决所有的问题。

我们都知道，抱怨是这个世界上最没有意义的事。就职场人士而言，如果真的对自己所处的职位及现状不满，每天想着"我没有升职，我没有加薪，我得不到重用"，无异于浪费时间。与其这么抱怨，倒不如把注意力集中在"我为什么没有升职，我为什么没有加薪，我为什么得不到重用"上，至少可以看清自己的缺点，给自己一个准确的定位，知道自己到底该做什么。

很多时候，是我们把问题无形地扩大化了。当你在工作中遇见麻烦的时候，不妨想想《致加西亚的信》里的罗文：他接受了一个任务——给加西亚将军送信，可是谁也不知道加西亚将军在什么地方，谁也不知道如何才能联系上将军、怎样才能到达。面对这样的难题，罗文没有任何抱怨，他无条件地努力执行任务，不顾一切把信送达目的地。

如果你要问：罗文在徒步三周、历尽艰险、走过危机四伏的国家，把信送给加西亚的过程中是否抱怨过？很抱歉，我们不得而知，书中也没叙述。可我们从最后的结果可以推断出：就算罗文真的有过抱怨，可他在几番纠结之后，一定是把抱怨化为了努力。因为，只有努力才是确保完成任务的唯一途径。

世上不存在上天的宠儿，所有的成功都离不开实干，努力地付出是解决问题的必经之路。唯一的区别在于，有些人太过看重挫折和不公平带来的委屈，把时间和精力全都用在了抱怨上，白白丧失了改变的机会；而有些"幸运儿"在遭受不公平时，总是把悲痛、愤怒化为动力，把抱怨化为行动，踏踏实实地去改变窘境。无论他们面对的是平凡的琐事，还是超高难度的项目，始终如一保持着努力肯干的态度。

已故音乐人迈克尔·杰克逊曾在他的音乐作品《镜中的你》里写道："如果你要让这个世界更好，仔细地看看自己，然后改变自己。"抱怨有时候可以发泄情绪、缓解压力，但过度的抱怨只会让人更消沉、更抑郁，在丧失信心的恐惧中迷离。所有的问题，都不会因为抱怨和斥责而改变，最好的解决方式是改变自己。

一个孩子在父亲的葡萄酒厂里看守橡木桶。每天早上，他都会用抹布把一个个木桶擦拭干净，然后整齐地排列好。可让人生气地是，往往一夜之间，风就会把排列整齐的木桶吹得东倒西歪，狼藉一片。

男孩心里很苦闷，就开始想要怎么才能解决这个问题。很快，他就有了主意：他挑来一桶一桶的清水，把它们倒进那些空空的橡木桶里。第二天早上，他很早就起床跑到放桶的地方看，果然那些木桶依然整齐地待在原地，没有一个被吹倒。

故事很简单，方法也很简单，可喻示的道理却不俗：我们改变不了天气，左右不了风向，改变不了世界上的很多东西，但我们可以通过改变自己，给自己不断加重，来抗拒外力的侵袭，继而征服一切。

成功大师奥里森·马尔登告诉我们："不要老是抱怨。过多的抱怨只是一个人衰老的象征，真正的强者是从不抱怨的。命运把他扔向天空，他就做鹰；把他置身山林，他就做虎；把他放到草原，他就做狼；把他投到大海，他就做鲨。"

在一次管理培训课程结束后，某单位的销售总监 H 私下找到培训老师，诉说自己在工作上的一些困惑。他很年轻，但看起来十分精干。他说，自己在进入现在的单位之前，曾就职于某知名组织，担任销售经理的职位，后来是一家猎头公司将他推荐到了现在的单位。从职位和薪水方面来说，这份工作要比过去好，按理说应该算跳槽跳得比较成功，可他的真实感受却不是这样，反倒一天比一天压抑。

现在的单位成立时间不长，在战略思维、管理模式和工作流程上都存在很大问题，且单位各方面都受领导的主观意志的影响。有时，领导的想法变了，整个链条就会发生改变。对此，H 非常不适应，有时还会跟领导唱反调，弄得他和领导之间的关系有些僵硬。鉴于这种情况，他想到了辞职。

培训师听完 H 的这番叙述后，做了一个分析，认为他可能是从大单位跳到小单位之后存在不适应的现象，但建议他最好别轻易地提出辞职，尽量去适应这种变化并积极想办法帮助组织尽快成长起来，这也是提高自身的一个绝佳途径。

两个月后，H 打电话给培训师，说他在单位"忍耐"了这段时间之后，发现单位虽然有很多地方不够健全，但还是一直在进步的，且他也在努力协助领导做好一切事务。现在，他还是决定继续留下来，施展自己的才华。

　　纵观整件事，我们会发现：组织没有变，上司也没有变，可 H 的感受却完全变了。那么，之前的问题出在哪呢？很简单，H 没有静下心去努力，而是把精力都用在抱怨上了。职场生涯有几十年，我们可能要换很多环境，想要得到更高的薪水和职位，跳槽到小组织也是一种办法，可小组织也有小组织的问题，人才的价值就在于能否帮助组织去解决问题，摆脱不完善的制度和落后的现状。组织需要的是脚踏实地工作的人，而不是只顾挑剔、整天抱怨，却不思考如何解决问题的冗赘。

　　任何指责和抱怨都是无能的表现，与其满腹牢骚地抱怨，不如努力实干；与其抱怨别人，不如提升自己。只有在工作中充分挖掘自身的潜能，发挥自己的才干，才能在组织的发展中实现人生的价值。

对自己所做的一切负责

翻开各种成功励志的书籍，我们经常会看到这样一句话：对自己的人生负 100% 的责任。

道理无须过多解释，每个人都明白，可真正能做到的却寥寥无几。特别是在面对压力、失败、事故的时候，选择抱怨和逃避的人占了一大半，剩下的那部分人中又有很多会陷入低迷和沮丧中。很少有人愿意承认这样的结局是自己导致的，主动去承担那份责任。因为害怕会遭到惩罚，会失去现有的东西，就会找理由为自己推脱，把责任归咎于他人或是外部不可控的因素，以此来让自己免受责罚。

其实，这也是一种常见的行为反应。我们总是习惯性地认为别人才是问题的制造者，而自己是一个无辜的受害者。可在工作的过程中，出现了问题时，没有哪个人应该置身事外，所有人都有责任和义务去防范问题的发生，同时也应当在问题的萌芽期及时发现并处理。如果每个人都能够在自己的环节把问题彻底解决掉，没有任何的松懈和依靠心理，很多坏的结局都可以避免。

当巴西海顺远洋运输公司派出的救援船抵达出事地点时，"环大西洋"号海轮已经消失了，21 名船员不见了，海面上只剩下一个救生电台有节奏地发着求救的信号。救援人员望着大海发呆，没有人知道在这个海况极好的地方究竟发生了什么，让这艘最先进的船沉没。

这时，有人发现电台下面绑着一个密封的瓶子，而瓶子里有一张字条，上面有 21 种不同的字迹，记录着事情发生的经过：

一水汤姆：3月21日，我在奥克兰港私自买了一个台灯，想给妻子写信时照明用。

二副瑟曼：我看见汤姆拿着台灯回船，说了句这小台灯底座轻，船晃时别让它倒下来，但没有干涉。

三副帕蒂：3月21日下午船离港，我发现救生筏施放器有问题，就把救生筏绑在了架子上面。

二水戴维斯：离岗检查时，我发现水手区的闭门器坏了，就用铁丝把门绑牢。

二管轮安特尔：在检查消防设施时，我发现水手区的消火栓锈蚀了，心想着还有几天就靠岸到码头了，到时候再换吧！

船长麦特：起航时工作繁忙，我没有顾得上看甲板部和轮机部的安全检查报告。

机匠丹尼尔：3月23日上午，理查德和苏勒的房间消防探头连续报警。我和瓦尔特进去后，未发现火苗，判定探头误报警，拆掉交给惠特曼，要求换新的。

机匠瓦尔特：我就是瓦尔特。

大管轮惠特曼：我说正忙着，等一会儿拿给你们。

服务生斯科尼：3月23日13点，我到理查德房间找他，他不在，我坐了一会儿，随手打开了他的台灯。

大副克姆普：3月23日13点半，我带苏勒和罗伯特进行安全巡视，没有进理查德和苏勒的房间，说了句"你们的房间自己进去看看"。

一水苏勒：我笑了笑，也没有进房间，跟在克姆普后面。

一水罗伯特：我也没有进房间，跟在苏勒的后面。

机电长科恩：3月23日14点，我发现跳闸了，这样的现象以前也出现过，我没有多想，就把闸合上，没有查明原因。

三管轮马辛：我感觉空气不太好，先打电话给厨房，证明没有问题后，又让机舱打开了通风阀。

大厨史若：我接到马辛的电话时，开玩笑说，我们在这里有什么问题？你还不来帮我们做饭？然后问乌苏拉："我们这里都安全吗？"

二厨乌苏拉：我也感觉空气不好，但觉得我们这里很安全，就继续做饭。

机匠努波：我接到马辛电话后，打开通风阀。

管事戴思蒙：14点半，我召集所有不在岗位的人到厨房帮忙做饭，晚上会餐。

医生英里斯：我没有巡诊。

电工荷尔因：晚上我值班时跑进了餐厅。

最后是船长麦特写的话：19点半发现火灾时，汤姆和苏勒的房间已经烧穿，一切糟糕透了，我们没有办法控制火情，火越烧越大，直到整条船上都是火。我们每个人都犯了一点小错误，最终酿成了人亡船毁的大错。

看完了这张绝笔字条，所有的救援人员都沉默了。海面上的寂静，让他们仿似看到了整个事故的过程。尤其是船长麦特的最后一句话："我们每个人都犯了一点小错误，最终酿成了人亡船毁的大错。"

这样的悲剧，不能说是某一个人的错，船上的所有人都有错。纵观整件事情的来龙去脉，我们很明显地发现，问题出现的时候，每个人都是问题的根源，谁也逃脱不了责任。如果每个人都能尽职尽责地做好自己的事，不漠视纪律，不违反规定，把经手的每个细节都能处理得圆满，将安全隐患消灭在萌芽之中，这样的悲剧是完全可以不发生的。

爱默生说过："责任具有至高无上的价值，它是一种伟大的品格，在所有价值中它处于最高的位置。"不要等出现问题的时候，想着如何把责任推卸给别人，在接手一项任务之初，就要担负起对它的全部责任。对工作负责，就是对我们的人生负责，责任能激发潜能，也能唤醒良知，让我们在工作和生活中表现得优秀而卓越。

解决问题从改变自己开始

我们大都有过这样的困惑：费尽一切力气想要改变现状，却总是不能如愿，心想着可能换一个环境就好了，却不知道问题的根源并不在外界，而在自己身上。

你是否听过这个故事？一只乌鸦在南飞的途中小憩时，碰见了一只鸽子。鸽子对乌鸦说："你这么辛苦，要飞去哪里？为什么要离开呢？"乌鸦愤愤不平地说："没办法，我也不想离开，可那里的人都不喜欢我的叫声。所以，我想飞到别的地方去。"鸽子好心地劝它："别白费力气了，如果你不改变自己的声音，飞到哪儿都不会受欢迎的。"

环境的变化，会在某种程度上影响人的命运，但它绝非最主要的因素，也不是决定性的因素。如果自己原本就存在缺点和不足，却意识不到或不肯做出调整，即便换一个环境，结局也是一样的。更何况，任何一个环境都不是只有弊而没有利，若能在有限的条件下抓住机遇，随着环境的改变调整自己的观念，也可以让一切变得顺畅。

在威斯特敏斯特大教堂地下室的墓碑林中，有一块墓碑闻名世界。其实，它并没有什么特别的造型和质地，就是粗糙的花岗石制作的，和周围那些质地上乘、做工优良的亨利三世到乔治二世等20多位英国前国王的墓碑，以及牛顿、达尔文、狄更斯等名人的墓碑比起来，显得微不足道，不值一提。更令人惊讶的是，墓碑上根本没有刻着墓主的姓名、出生年月，甚至连墓主的介绍文字也没有。

就是这样一块无名墓碑，却让千千万万人趋之若鹜，每一个到过威斯特敏斯特大教堂的人，即便不去拜谒那些曾经显赫一时的英国前国王和名人们，也一定要拜谒这块普通的墓碑。因为，他们被这块墓碑深深地震撼着，确切地说，是被墓碑上那段意味深长的碑文震撼着：

当我年轻的时候，我的想象力从没有受到过限制，我梦想改变这个世界。当我成熟以后，我发现我不能改变这个世界，我将目光缩短了些，决定只改变我的国家。当我进入暮年后，我发现我不能改变我的国家，我的最后愿望仅仅是改变一下我的家庭。但是，这也不可能。当我躺在床上，行将就木时，我突然意识到：如果一开始我仅仅去改变我自己，然后作为一个榜样，我可能改变我的家庭；在家人的帮助和鼓励下，我可能为国家做一些事情。然后谁知道呢？我甚至可能改变这个世界。

据说，很多名人在看到这块碑文时都感慨不已，说它是一篇人生教义，也是灵魂的自省，其中就有曼德拉。他当时看完后，有一种醍醐灌顶之感，声称自己从中找到了改变南非甚至整个世界的钥匙。回到了南非后，这个原本赞同以暴制暴、垫平种族歧视鸿沟的黑人青年，一下子就改变了自己的思想和处事风格，他从改变自己入手，历经几十年的时间，最终改变了周围的人，乃至一个国家。

这就如托尔斯泰说的："世界上有两种人，一种是行动者，一种是观望者。很多人都想着改变世界，却从未想过改变自己。"环境一旦形成了，是很难以一己之力改变的，人只有改变自己，才能够更好地解决问题，更好地与环境融合。

推销员杰克做业务员有一年多的时间了，眼见着周围的人陆续升职加薪，自己也不是不努力，每天忙着联络客户，薪水虽然也还可以，但在业绩上始终表现得很平淡，没有做成过大的订单，在成就感上很受挫。

一天下午，杰克和往常一样，下班就开始看电视。突然间，他留意到了一档专家专题采访的栏目，而那期的话题正是"如何使生命增值"。心理专家在回答记者的问题时，如是说："我们无法控制生命的长度，但我们完全可以把握生命的深度。其实，每个人都拥有超出自己想象十倍以上的力量，要使生命增值，唯一的方法就是在职业领域中努力地追求卓越。"

听完这番话，杰克决定改变自己。他立刻关掉了电视，拿出纸和笔，严格地制订了半年内的工作计划，并落实到每一天的工作中。2个月后，杰克的业绩明显有了提升；9个月后，他已经为公司赚了2500万美元的利润；年底，他顺利晋升为公司的销售总监。

现在的杰克，已经有了属于自己的公司。每次给员工做培训时，杰克都会说:"我相信你们会一天比一天更优秀,只要你下定决心做出改变。"这样的激励总能给员工带去力量,公司的利润也不断翻倍。

对所有渴望有所作为的职场人来说,杰克就是一个最好的参考范本。有些时候,面对不满意的境遇,最应当迫切改变的不是环境,而是我们自己。换而言之,是我们在面对问题的时候,没有静下心来去努力,当自己变得足够好了,很多问题也就有了解决之道。

机会藏在"阴暗"的地方

在一次应届大学生招聘会上,面试官问应聘者:"你认为自己有什么样的优势,可以胜任应聘的岗位?"年轻的应聘者几乎不假思索地回答说:"我非常喜欢你们的组织文化,我不知道自己的优势在哪儿,您觉得我适合做什么就安排吧,我都会努力学习并做好的。"

对于这样的应聘者,面试官总是喜忧参半,喜的是他们对于组织的认可,忧的是工作不是只凭借喜好和热情就能胜任。很多员工在入职后,专业技能、知识经验都无法满足工作的需求,一旦出现问题,就会不假思索地去问领导该怎么办,让领导来做问答题。如果领导不满他的这种表现,或是态度上有点冷落,一些人又会觉得组织不适合自己,领导不重视人才,没有发展的机会,怨声四起。

可是,站在旁观的角度看,我们不禁要问:真的是平台不好吗?真的是没有机遇吗?要知道,员工的首要任务就是承担起工作的职责,具备独立思考和完成工作的能力,这才算得上胜任,才有机会谈及成长、发展。

一位负责人曾经说："不要问单位什么时候给你升职加薪的机会，只要你足够努力，足够闪亮，机会随时可以被创造。"这句话的意思很明显，不要随意羡慕别人升职加薪，抱怨自己没有机会，任何事情都是有原因的。任何一个组织都有人才缺失的烦恼，若是你没有得到组织的重用，只能说明你还尚未做出体现自己能力的事情，还不足以让人刮目相看。

在不如意时牢骚满腹、郁郁寡欢、烦恼抱怨，结果还是只能停在原地徘徊。自以为是地咒骂眼前的"阴暗"，却不知道那"阴暗"正是自己的影子。唯有努力的人，才能用智慧去发现机会、把握机会，把原本的无奈变成美好的可能。

马云在香港出席青年创业论坛、分享经验时，被问过这样的问题：哪里最有机会？

当时，他给出的回答是：只要有抱怨的地方，有投诉、不合理的地方就有创业机会……你就看看每天互联网上抱怨的事情那么多，这些都是机会。你加入抱怨就永远没有机会，你要将别人的抱怨、仇恨、不靠谱的地方变成你的机会。

多数时候，我们抱怨的，都是生活中的弱点、缺陷和不如意的地方，可这些"阴暗"并非一无是处。

组织规模小，刚好能够身兼数职学更多的东西；上司安排任务多，刚好可以免费锤炼自己的能力；有些问题处理得不好，刚好能发现自己的不足；有些事情令你感到畏惧，刚好你可以克服障碍挖掘潜能……只要学着不抱怨，成为一个积极的、有心的人，我们都有可能在阴暗的角落里发现另一片天空。

第八章

做解决问题的员工

> 人类认识世界、改造世界的过程，就是发现问题、解决问题的过程。从古至今，乃至将来，问题永远都会存在。面对这一事实，逃避无用，沮丧地待在原地也不会有出路。我们能够做的，是永远保持一个积极的心态，只要思想不滑坡，方法总比问题多。

要有好方法，先有好心态

什么样的员工，是组织最不愿意看到的？答案不是学历低、能力不足的那些人，而是明明有能力或潜力处理好一些问题，却没有一个好心态的人。做错了事情不肯承认，找借口为自己推脱；面对困难只想着把它推给别人，自己躲得远远的。这样的员工，不可能跟组织戮力同心，也成不了组织的中流砥柱。

美国西点军校有一句校训："心灵就像是降落伞，只有打开的时候才有用。"一个人少了负责的心态，就无法做到全身心地为组织服务，更无法完成组织交付给他的任务。那些习惯逃避问题、说不可能的员工，无形中就在心里给了自己一个强烈的暗示：我做不到。这其实是懒人和害怕承担责任者的借口，一流的人才永远相信"方法总比困难多"。

事实就是如此，人的想象力、创造力是无穷的，任何困难都是有解决之道的，关键在于是否拥有良好的心态和不畏困难的勇气。对多数员工来说，本身缺乏的并不是解决问题的智慧，而是面对困难的积极态度。

联邦快递刚成立的时候，虽然弗雷德·史密斯绞尽脑汁地想办法融资，可公司还是频繁陷入资金短缺的窘境中。有一段时间，联邦快递面临着必须撑过一个季度才能获得资金的难题，此时，到底是选择与公司共存亡，还是抽身离去？几乎每一个联邦快递的工作人员，都在思考这个问题，去或留成了一个重大考验。

到了月底的时候，员工们照例收到了装有工资卡的信封。只是，当他们打开信封的时候，发现了一张便条，上面写着："请不要兑现，因为工资卡里没有钱。不过，沉住气。只要大家共同努力，公司肯定能成功。费雷德·史密斯。"

当时，只有极少数人离开公司，绝大多数人都选择了与公司共度时艰。为了支付员工的工资，弗雷德做了很多努力，甚至坐飞机到拉斯维加斯赌场赌博，用几百美元赢回了 2.7 万美元。最终，就像我们看到的，联邦快递度过了那个最艰难的时段，步入了快速发展期。

巨人集团的史玉柱，也是一个很好的实例，大家对他的经历肯定也不陌生。从巨人汉卡到巨人大厦，从脑白金到黄金搭档，史玉柱无疑是中国民营企业家中颇具传奇色彩的一位。他最初也是白手起家的，只靠着几千块钱的原始资本创业。短短几年的时间里，他就达到了事业的顶峰，但此时的他也犯了一些错误，以致于数亿元的资产很快散尽，还欠下了 2 亿元的巨额债务。

1995 年对史玉柱来说是黑暗的一年，他从事业的辉煌巅峰走向了深渊，但这一年也是他沉淀的一年，他没有被失败打倒，也没有一蹶不振，而是以积极的心态来承受巨大的压力。他给自己定了一个目标，到 2000 年年底一定把欠下的 2 亿元还清！

四年磨一剑，沉寂了四年的史玉柱，最终凭借"今年过节不收礼，收礼只收脑白金"的广告，再度成了万众瞩目的人物，让事业攀登上了第二座高峰。这一次的创业，他不是从零开始，而是从"负数"开始的，一路走来，乐观的心态给了他强大的支撑。

性格决定命运，心态决定未来，这样的话我们已经反复听了很多遍，可结果却又如网络流行语所言得那般：为什么你听了那么多道理，依然过不好这一生？其实，关键的问题就在于，知行合一。很多人说起道理的时候，感觉是全都懂了，可遇到了事情，立刻就把那些道理抛到九霄云外了，满心忧虑，消极沮丧。这种状态无形中就降低了做事的效率，自然也就得不到好的结果。

美国宾州大学心理学教授马丁·沙里曼在研究乐观心态激励人心的重要性时发现，对保险公司业务员的业绩来说，一些乐观测试成绩高的业务员比悲观型的业务员的业绩第一年超出 21%，第二年超出 57%。在一次次拒绝后，悲观的人可能在心里告诉自己："这一行我干不了，一张保单也别想卖出去。"而乐观的人会告诫自己"可能我的方法不对"，或者"不过碰到一个情绪不佳的客户而已"。

在困难面前，只有放弃的人，才是真正的失败者。谁能把绊脚石变成垫脚石，谁就是生活的强者。对待工作，如果没有一种突破自我、敢于挑战的精神，就根本没有办法在竞争残酷的职场中立足。遭遇挫折或经历失败并非坏事，正如英国小说家、剧作家柯鲁德·史密斯所说："对于我们来说，最大的荣幸就是每个人都失败过。而且，都能从跌倒的地方爬起来。"

杜邦是一位年过六旬的老人，也是一个石油开采者。他一生中打的井多半都是枯井，可他依然从逆境中走了出来，成为身价超过 5 亿美元的富翁。杜邦回忆说："当年我被学校开除后，就跑到得克萨斯的油田找了一份工作。随着经验的积累，我就想做一名独立的石油勘探者。那时候，每当我手里有了钱，就着急租赁设备，做石油勘探。两年的时间里，我一共开采了将近30口井，但全部都是枯井。当时，我真的是失望极了。"

杜邦陷入了困境，快40岁的时候依然一无所获。可他并没有灰心，而是变得更勤奋、更努力。他研读各种和石油开采有关的书籍资料，学习了不少理论知识，而后卷土重来，进行石油开采。这一次，他遇到的不再是枯井，而是冒油的油井。

没有过不去的坎儿，除非你自己不愿意跨过去。面对问题，只知道沮丧地待在原地，自然找不到出路。事实上，天无绝人之路，只要思想不滑坡，内心没有被打败，积极地去想办法，总会找到一个顺利解决问题的机会。

不存在"没法完成"的工作

我们在职场中总会碰到这样的员工，每次考评的时候，都会发现他们手里还有未完成的工作，真的是能力不足吗？对一些新人来说，会存在能力不足的情况，但绝非根本，真正的原因在于态度，他们对待工作不够积极和自信。

A 是某单位的业务员，每个季度的业绩考核他都很难达标，他觉得自己已经足够努力了，单位制定的目标任务太高，自己能做到这样就不错了。可真实的情况并不是这样，他看到周围同行的朋友底薪比自己多 1000 块钱，心理不平衡，总觉得自己付出太多、收获甚少，从潜意识里他就不想去做。当这个声音不断出现在他脑海里时，他就放慢了行动，态度也变得懒散起来。

我们都知道，懒散是心灵的毒药，也是失败的推手。世界潜能开发专家安东尼·罗宾说过："要完成一项任务，首先要拿出 50% 的精力来给它开个好头，这个道理就像万有引力定律所描述的那样：若无外力影响，一个运动着的物体将永远运动，一个静止的物体将永远静止。"对 A 来说，他没有完成任务的真正原因，就是从心理上懈怠了，不愿意去做了，也放弃了开发自我潜能的机会。

当然，有些人是真的从内心深处认为，组织安排的任务太棘手，领导有些强人所难。其实，换个角度想想，如果你是领导，在安排下属做一件事情之前，是不是也需要经过一番斟酌考虑？你会把一个根本无法完成的任务交代下去吗？显然不会。比较现实的情况是，完成任务条件不太理想，困难有点多，但依然可以想办法克服。你认为的"不可能"，通常都是个人的主观认识或是推托的借口。

> 约瑟夫·贺希哈是有名的股票大王，但很少有人知道，他是乞
> 丐出身。在街头流浪的时候，他经常捡别人丢掉的报纸看，且对报

纸上的经济信息、股票行情有浓厚的兴趣，并下定决心将来要从事股票方面的工作。人们嘲笑他痴人说梦，他却义无反顾地朝着这个目标努力。

1914年，第一次世界大战开始了，纽约证券交易所和其他一些证券交易所都因经营惨淡关闭了，剩下的证券公司也岌岌可危。就在这个时候，贺希哈到证券所求职，门口玩牌的人都笑他神经有问题，谁会在股市大崩盘的时候做股票工作呢？最后，贺希哈去了百老汇大街的依奎布大厦，在爱默生留声机公司里找到了一份工作，负责办公室后勤和总机接线工作，薪资很低，可他做得很开心。

他珍惜来之不易的工作机会，但依然利用晚上和假日认真地钻研股票。不久，贺希哈发现爱默生留声机公司也在发行股票和经营股票，就开始留意公司的经营状况。他想，自己现在从事的工作与股票工作相差太多，如何才能让自己向这份工作靠近呢？

一天上午，他鼓足勇气敲响了总经理办公室的门，提出想做股票经纪人。总经理先是震惊，后考虑到他做事勤快踏实，就同意了。此后，贺希哈成了爱默生留声机公司股票行情图的绘制员，他用自己积累的股票知识和行情资料，很快就上手了。在工作的过程中，他对股票买卖领悟得更深，这为他日后的事业发展打下了坚实的基础。

贺希哈在爱默生公司工作时，每天除了必要的花费以外，其他的钱都储蓄起来。同时，他还替另外一家股票交易所跑腿，这份兼职工作是从每天下午6点到第二天凌晨2点，来回跑送文件，每周从中赚取12美元的报酬。经过了三年的努力，他积累了2000美元，而后便根据自己的奋斗计划，成了一名独立的股票经纪人，从此走上成功之路。不足一年的时间，他就拥有了 168 万美元的资产。到 1928 年，他已经成了月赚 20 万美元的股票高手。

事业上的瓶颈，生活上的窘境，都不是没有改变的途径和方法，关键在于内心是否有坚定的态度。当我们勇敢地迈出脚步，积极地去面对问题的时候，我们会惊喜地发现，成功的门从未对我们上锁。

甩掉毁人的消极思维

一匹名为"格里尔"的良种赛马，早年多次获得过赛马的佳绩，被人视为 1902 年 7 月竞赛的种子选手。由于它获胜的可能性极大，因此得到了精心的照顾，并被广告宣传有可能打败另一匹优势赛马"战斗者"。

1902 年 7 月，在阿奎德市举办的德维尔奖品赛中，这两匹马终于相遇了。

那天是一个盛大的日子，所有人的目光都盯着起点，大家都清楚，这将是"格里尔"和"战斗者"之间的一次殊死搏斗。在跑了 1/4 的路程时，它们不分上下，直至跑到 3/4 的路程时，依然难分胜负。在仅剩余 1/8 路程的紧急关头，"格里尔"用力向前窜去，冲到了前面。见此情景，"战斗者"的骑手急了，他在赛马生涯中第一次用皮鞭鞭打身下的坐骑。

此时的"战斗者"像是被人放火烧了尾巴一样，猛地窜了出去，与"格里尔"拉开了距离。赛马结束时，"战斗者"领先了"格里尔"整整七个身位。

"格里尔"原本是一匹精良的赛马，是一匹很有潜能的赛马。然而这一次失败的经历却让它受到了重创，让它的状态一下子从积极活跃转变成消极低沉，从此一蹶不振。在后来的所有竞赛中，它再没有过出色的表现，总是简单地敷衍一下，就退出赛场。

人不是赛马，可与"格里尔"经历相似的人却不在少数。他们可能有过一些辉煌的时刻，但后来遇到了些许挫折，心态上发生了巨大的转变，一下子陷入消极沮丧中，对自己、对生活总是感到绝望。在他们眼里，玻璃杯的水永远是半满的、半空的，所有的条件都是对自己不利的，甚至产生了悲观厌世的情绪。

媒体曾报道过这样一件事：一位在加拿大的留学生在多伦多跳桥自杀，留下一双未成年的儿女和无助的妻子。这位留学生曾经成绩优异，在国内一所著名高校取得硕士学位，被破格提升为该校最年轻的副教授。后来，他到美国进修，获得了核物理博士学位。

怀揣博士学位的他，移居到了加拿大。本以为美好的生活即将拉开帷幕，不料他却迟迟找不到合适的工作。他认为可能是自己的学历资格不够，接着就在多伦多攻读了第二个博士学位。学成后的他，四处寻找工作，依然无果。万般无奈之下，他走上了绝路。

拥有双博士学位，在国外生活多年，有深厚的专业知识，他的条件比起那些没有任何技能、不懂英文的人要强百倍，可多少后者在国外找到了自己的立足之地，而他却选择了放弃生命，放弃所有的可能。

心理学家在分析这件事时说，这位留学生不是输给了能力，而是输给了心态。当一个人被消极的心态支配时，他对事物的解释永远都是消极的，并总能给自己找到沮丧、抱怨的借口，最终得到消极的结果。紧接着，这种消极的结果又会逆向强化他的消极情绪，使他成为更加消极的人。沉浸在这种自我怀疑、自我设限的状态中，他彻底失去了信心和希望，思想被牢牢地禁锢了，无限的潜能也被深深地压制了。

一个人习惯在心理上进行什么样的自我暗示，他就会成为什么样的人，过什么样的生活，有什么样的结局。如果你总是对自己说"我不行""我会失败""大家都不喜欢我"，你的脑海就会被这个预言紧紧包围，阻止你去做积极的尝试，最终的结果往往就真的演变成了你所想的那样。

是你不具备尝试的勇气吗？是你不具备成功的条件吗？不是！是你的消极暗示让你变得冷淡、泄气、退缩、怯懦、自卑，让你忘记了自己还隐藏着巨大的、没有发挥出来的潜能，而这种潜能极有可能成就一个全新的、优秀的你。

美国知名篮球教练伍登，曾让加州大学洛杉矶分校篮球队在 12 年内赢得 10 次全国总冠军，被誉为美国有史以来最伟大的篮球教练之一。他的成功秘籍就是积极正面的自我暗示。每天晚上睡觉前，伍登都会告诉自己："我今天表现得非常好，明天还要努力，表现得比今天更好。"

伍登这种积极乐观的个性，不只体现在事业方面，在生活中也是如此。当他与朋友开车进城遭遇堵车时，在刺耳的喇叭声中，朋友厌烦不已，而他却说这是一个活力四射的城市。朋友感叹："为什么你看事物的角度总是和一般人不同呢？"

伍登是这样回答的："因为，我看的是我内心的风景。无论我快乐或悲伤，我们所生活的世界，永远是充满无数机会的世界。这些机会，绝不会因为我的快乐或悲伤而有所改变。所以，只要不断地运用积极的自我暗示，就能够发现这个世界有着无限的可能，也因此而激发出内在的潜能来。"

不要再让消极的思维霸占你的头脑、封杀你的能力了。遇到困难的时候，多给自己一些正面的鼓励、积极的暗示，去做哪些你想做而又害怕做的事。要知道，一切的成就，一切的财富，都始于一个积极的意念，它足以影响和改变你的整个人生。

没有失败，只有放弃

科特·理希特博士曾用两只老鼠做过一项实验：

他用手紧抓住一只老鼠，无论它怎么挣扎，都不让它逃脱。经过一段时间的挣扎后，老鼠终于不再反抗，非常平静地接受了现实。随后，他将这只老鼠放在一个温水槽里，它很快就沉底了，根本没有游动求生的欲望，它死了。当理希特博士将另一只老鼠直接放入温水槽里时，它迅速游到了安全的地方。

据此，理希特博士得出结论：第一只老鼠已经明白，无论费多大劲都无法挣脱理希特博士的手掌，它觉着自己已经没有希望活命了，也不可能改变自己的处境，所以，它选择了放弃，不再采取任何行动。第二只老鼠没有前者的经历，不认为一切都无济于事，相信自己的处境能够改变，所以当危机降临时，它立刻采取了行动，幸免于难。

将下面奥斯卡的经历和上述的实验结合起来，我们不难发现：凡是满怀希望去争取的人，往往都会做得更好；而放弃了希望的人，只能无可避免地走向失败。许多事情没有成功，不是因为构思不好，也不是因为没有努力，而是因为放弃得太早。

1929 年的一天，一个名叫奥斯卡的人焦急地站在美国俄克拉荷马城的火车站，等待着东去的列车。在此之前，他已经在气温高达 43℃的沙漠矿区工作了几个月，他的任务是在西部矿区找到石油矿藏，可惜努力许久始终没有收获。

奥斯卡是麻省理工学院毕业的高才生，非常聪明，他甚至能用旧式探矿杖和其他仪器结合，制成更为简便和精确的石油探测仪。当他在西部沙漠里饱受风沙之苦时，一个噩耗传来：由于公司总裁挪用资金炒股失败，他所在的公司破产倒闭了。听到这一消息时，奥斯卡心中所有的热情瞬间熄灭，对他来说，没有什么比失业更令人沮丧的了。

他没有心情继续留在这里探矿了，随即就到车站排队买票，准备回程。可惜，列车还要几个小时才能到站，倍感无聊的他为了打发时间，干脆在车站架起了自己发明的石油探测仪。就在这时，他的探测仪显示了一个读数，从这个数据上看，车站地下似乎蕴藏着石油，且储量极为丰富。

这怎么可能呢？心如死灰的奥斯卡不敢相信自己的眼睛，也不敢相信这里会有石油，甚至怀疑是自己的仪器出了问题。失业之事本就搅得他心神不宁，想起自制的探测仪这么久以来都没给自己带来惊喜，偏偏在这个时候出现读数，奥斯卡满腔怒火，大声地吼叫着，一脚飞起把探测仪踢烂了。

几个小时后，车来了，奥斯卡扔掉那架损毁的仪器，踏上了东去的列车。时隔不久，业界传出了一个震惊世界的消息：俄克拉荷马城竟然是一座"浮"在石油上的城市，它的地下埋藏着迄今为止在美国发现的储量最丰富的石油矿藏。

在消极沮丧的状况下，奥斯卡对自己产生了怀疑，对自制的仪器产生了怀疑，最终做出了一个错误的选择，与巨大的成功擦身而过。当一个人认定自己的能力比不上别人，无法获取其他人那样的成就时，他就很难克服前进路上的挫折障碍，从而选择放弃努力和坚持。这一放弃，就让他与渴望的结果越来越远。

一位世界顶尖的推销训练大师，年轻时做房产销售员，整整一年的时间，他一栋房子也没卖出去，在他身上只剩下 100 多美元的时候，他想到了放弃。刚好此时公司举办了一个为期 5 天的培训课程，推荐他去参加。那次课程彻底改变了他的人生，自那以后，他连续 8 年成为房地产销售冠军。对自己的成就，他只说了一句话："成功者决不放弃，放弃者决不成功。"

另一位成功人士在其自传里如是写道：

"3 年前，我怀揣梦想独自来到这个人海茫茫的都市，想开创一份能给我带来激情的事业。由于缺乏经验，缺乏独当一面的能力，我在很长一段时间里都做着距离我的理想很遥远的工作，而且仅仅是为了解决温饱而做的工作。我曾经非常沮丧，甚至焦虑得整夜失眠，不知道自己在这里孤身一人饱尝艰辛究竟是为了什么，也不知道这种坚持值不值。

"'放弃'这个词语，无数次地出现在我的脑海里，一次次地削弱我的斗志。这样的思想斗争现在看起来不算什么，可在当时确是艰苦卓绝，从不断地怀疑自己到渐渐树立起自信，这个过程是非常痛苦的。还好，最终我没有放弃，坚持了下去，并实现了自己的价值。"

一个人能在事业上获得多大的成就，不在于他个人力量的大小，而在于他能够坚持多久。很多人都是在即将成功的时候放弃的，其实他并没有失败，只是放弃得太早了。所以，不管此刻的你遇到了什么样的阻挠和困难，请你咬紧牙关告诉自己："再试一次。"当内心听到这句指令时，它就会像战马听到号角一样支撑着你奋力前行。

打破工作中的依赖心理

曾有科学家做过一项有关潜在生命力的研究。

每天清晨，从笼子里抓出一只白鼠，放进一个透明的玻璃水池内，然后开始计时，看小白鼠能挣扎多久。科学家会在旁边观察小白鼠在水中的挣扎情况，直到那只小白鼠快要溺亡的危急时刻，才会把它捞出来。第二天，科学家会再次抓起前一天的那只小白鼠，进行同样的实验。这样的实验进行了一周左右，每天的记录显示，小白鼠挣扎的时间在不断减少。

一天清晨，科学家又在继续他的实验。他把小白鼠丢进池中观察。当实验进行到一半的时候，电话铃响了，科学家转身去接电话。由于是要好朋友打来的，且有重要的事情想请他帮忙，谈话时间稍微长了一点，科学家也忘了还在池中挣扎的小白鼠。等他挂完电话去看池中的小白鼠时，它已经死亡，浮在水面上了。

科学家分析，由于此前将小白鼠丢进池中后，过不了多久就抓它上来。连续几天，它便知道了，只要自己快要沉没时都会有人来救自己，既然如此，何必这么苦苦挣扎呢？因为有了这种依赖的心理，使得它在真正危急的时候还想着有一只手来解救它，结果放弃了挣扎，放弃了生存的机会。

我们不妨设想一下：倘若小白鼠从一开始就拼命挣扎，不把脱险的希望寄托于外界的帮助，那么它在水中挣扎的时间会不会越来越长，适应能力会不会越来越强呢？一切都未可知。但从整个实验的结果来看，我们能够得出的只有一点：依赖心理越强，退化得就越快！

导致依赖的原因无外乎两点，一是缺乏自信；二是惰性使然。习惯依赖的人，一旦遇到问题立刻就会想到去寻求帮助，明明这件事他自己能够处理好，却总是感觉自己不行，只有求人才能做好。同时，在过去的经历中，他习惯了不付出或付出较小的代价就把事情做好，再遇到问题时，自然而然就会想到请别人帮忙，如此自己就能减少辛苦和麻烦。

依赖他人，只看眼前的话，会觉得省时省力，但从长远的角度来看，并非什么好事。它会让你失去自己的个性，变得平庸无奇；它会让你受到所依赖者的支配和制约，无法掌控自己的命运；它还会让你失去进取的精神，陷入被动的境地。更重要的是，总在借助别人的力量去做事，你根本认识不到自身的价值，更挖掘不出自己的能力。

松下幸之助年幼时就失去了父亲，后家道中落，无所依靠的他不得不扛起养家的重任，那一年他只有 15 岁。这些不幸的经历，让他过早地体会到了做人的艰辛。

1910 年，他只身来到大阪的一家电灯公司做室内安装电线练习工。尽管是初次接触这个行业，可他诚实的品格和上乘的服务，却深得老板赏识。22 岁那年，他成了公司最年轻的检查员。生活看似有了好转，却不料更大的灾难降临了。

有一天，他无意中发现自己咳出的痰中带着血。他很害怕，家里已经有九个亲人因这种奇怪的家族病在 30 岁前就离开了人世，其中就包括他的父亲和哥哥。医生叮嘱他安心休养，可现实的状况告诉他，一旦停下来生活就会失去着落。同时，他也深知这种遗传病的最坏结果，对可能发生的事情做好了充分的精神准备。

他一边工作一边治疗，并形成了一套与病魔做斗争的办法，那就是不断调整自己的心态，用平常心去面对疾病，调动自身的免疫力、抵抗力，保持积极的状态。这样的过程大概持续了一年，他的身体逐渐变得结实起来，内心也越来越坚强。

这段经历，这种心态，后来影响了他的一生。

患病期间，松下幸之助思索出了改良插座的办法，但公司并未采用。这激起了他自己创业的想法，之后不久他就辞掉了公司的职务，组建了松下电器公司，开始独立经营插座生意。当时，受第一次世界大战的影响，物价极高，而他手里所有的资金还不足100日元，可想而知日子有多难。雪上加霜的是，由于公司最初的产品只有插座和灯头，且销路一直不好，工厂难以为继，员工们一个个都走了。

松下幸之助并未灰心，他把这一切看成创业的必然经历，相信再坚持一下总会成功。果然，功夫不负有心人，公司的生意逐渐有了好转。6年后，他拿出了第一个像样的产品，也就是自行车前灯，带领着公司走出了困境。

此后，松下电器公司又接连遭遇了一系列的坎坷，1929年的经济危机，让松下的产品销量锐减，库存激增。"二战"的爆发严重影响了日本的经济，日本的战败让松下幸之助变得一无所有，还欠下了10亿日元的债务。

松下幸之助没有任何依靠，也没有任何退路，如果他不硬着头皮往前走，等待他的就是失败。在一系列的打击面前，他自己给自己鼓劲，一次次地站了起来，不仅打破了遗传病的魔咒，还平复了企业管理中的诸多波折，缔造了一个神话般的企业，成就了无可替代的自己。

谦虚好学、不耻下问是一种积极的态度，也是初入职场时必备的素质，但凡事都当有度，如果过分依赖别人的引导和帮助，就会逐渐丧失自己的主动性，遇事懒于思考和努力，最终陷入原地踏步甚至退步的境地。

为了避免类似情况的发生，在工作的过程中要谨记以下几条重要的原则。

第一，把求助改为求教。遇到问题的时候，你可以寻求别人的帮助，但不要要求对方帮自己做什么，而是请教对方给自己一个思路。在经过别人的教导后，依靠自己的力量去克服困难，完成任务。

第二，把追求结果改为追求方法。遇到自己不会或是不太擅长的事情，可以寻求别人的帮助，但在对方帮你的时候，要充分发挥自己的主动性和创造性，学会对方做事的方法，能够举一反三，不要把目标放在别人帮自己完成任务上，而是要把本领学会，将来遇到同类的事情能够独立解决。

第三，把被动接受他人的思想改为主动思考并消化。在面对一些专业的权威人士时，不要认为他们经验丰富，就没勇气发表自己的意见，这样的听从、认同，会失去独立思考的意识和能力。最好的办法是，虚心听从指教，积极思考，不懂的地方适度发问，积极与对方讨论，直到自己理解并独立完成为止。

带着饱满的热忱去做事

一个人在事业上能抵达什么样的高度，与其说是取决于才能，不如说是取决于热情。成功永远都是青睐于那些有着自信心和使命感的人，即便在遇到困难、前途看似黯淡无光的时候，他们依然热情不减，靠着内在的力量把愿景变为现实。

音乐家亨德尔年少时就很喜欢乐器，可家里人强烈阻止他做这件事，不准他碰乐器，不让他去学音乐，哪怕是学习一个音符。即便如此，他依然会在半夜悄悄跑到秘密的阁楼里弹钢琴；莫扎特孩提时每天要做大量的苦工，可到了晚上，他就偷偷去教堂聆听风琴演奏，全身心都融化在音乐中。

哈佛大学心理学教授罗森通过实验研究得出结论：热情可以弥补一个人

能力上 20% 的缺陷；相反，没有热情一个人则只能发挥出自身能力的 50%。在各种成功因素中，排在第一位的就是热情，它是一种精神特质，代表着一种积极的精神力量，可以唤醒人沉睡的潜能。如果一个人对自己所做的事充满热情，纵然他身在一个平凡的岗位，或是做着不起眼的事情，一样能够超越平庸。

木太郎出生在日本的一个农民家庭，由于家里贫困，他读完初中就辍学了，在家乡的一家化工厂做搬运工。由于工厂效益不好，无法给工人开工资，木太郎迫不得已只能回到家里，与家人一起种田。没想到，那一年日本遭到地震，地里的庄稼在地震中全都被毁掉了，木太郎只好背井离乡去打零工，维持生计。

在他四处流浪的时候，有一天，一位美国军官让他帮自己擦皮鞋。木太郎从来没有穿过皮鞋，也不知道该怎么擦，可他心灵手巧，经过美国军官的指点，很快就掌握了擦皮鞋的技巧，且第一次擦皮鞋就擦得光亮照人。美国军官很满意，给了他一笔丰厚的报酬，这笔钱足以让木太郎一周不用担心生活费的问题。那件事之后，木太郎就决定靠擦皮鞋赚钱。

可是，擦皮鞋的人那么多，如果自己跟其他人一样，肯定不会有太多生意。怎么办呢？木太郎决定，先去拜访那些自己听说过的手艺好的擦鞋匠，向他们请教，从而找出独特的擦鞋方法。带着这份热忱，他开始研究如何把鞋擦干净、擦亮，并想办法给客户提供更多的优质服务，让他们感受到自己的不同。后来，他仔细研究顾客的皮鞋质量，尽量根据皮鞋的质地和类型，用最适合的方法把鞋擦干净，且达到保养皮鞋的目的。

木太郎对皮鞋的热爱已经达到了痴迷的程度，只要有新款的皮鞋上市，不管价格多昂贵，他都会买一双回去亲自试穿，感受鞋子的舒适度和质地。这份热忱让他变成了一个皮鞋专家，他在与别人擦身而过的时候，就能知道对方穿的是什么牌子的鞋；从鞋底磨损的程度和部位，就能猜测出对方的生活习惯和健康状况。

凭借着这份对擦皮鞋事业的热忱，木太郎找到了让技术进步的方法，擦鞋的技艺也达到了炉火纯青的地步，即便是遇到了颜色特殊的皮鞋，他也能够用几种不同颜色的鞋油调配出想要的颜色来，这种手艺是其他擦鞋人都不具备的。另外，他还仔细研究鞋油的成分，力求做到让每双鞋的鞋面都能持久保持光泽。

很快，木太郎就出名了。1975年，他成了希尔顿饭店的"定点擦鞋匠"。在此之前，希尔顿饭店从来没有邀请过任何一位擦鞋匠到饭店中服务，但木太郎的手艺却在那里大受欢迎，很多客人在那里擦了一次鞋后，经常会把皮鞋邮寄过来让他擦。希尔顿饭店亚太地区的总裁说："没想到我们四星级饭店居然出了一位五星级的擦鞋匠。"不仅如此，日本前首相和许多世界级的明星，也都接受过木太郎的擦鞋服务。

任何一件事情，一份工作，都有可能做出不平凡的业绩来，关键是你用什么样的态度去做。就像木太郎，只是一个普通的擦鞋匠，他却能够带着饱满的热忱去寻找不一样的擦鞋方法，达到多数同行都无法企及的高度。这恰恰印证了一句话："如果生活离开了热情，那么任何人都算不得什么；一旦生活有了热情，任何人都是不容小觑的大人物。"

脚踏实地是成功的基石，与其幻想着有一天做出轰轰烈烈的成绩，不如满怀热情地做好手头上的小事，这才是真正的务实。从今天开始，把全部心神投入到工作中吧，告诉自己：我喜欢这份工作，我会全力以赴面对所有问题，我能把它做到最好！